Teklu Gebretsadik Wana

Factores determinantes e obstáculos à adoção da tecnologia do biogás e seus impactos

Teklu Gebretsadik Wana

Factores determinantes e obstáculos à adoção da tecnologia do biogás e seus impactos

ScienciaScripts

Cover image: www.ingimage.com

This book is a translation from the original published under ISBN 978-620-2-06439-2.

Publisher:
Sciencia Scripts
is a trademark of
Dodo Books Indian Ocean Ltd. and OmniScriptum S.R.L publishing group

120 High Road, East Finchley, London, N2 9ED, United Kingdom
Str. Armeneasca 28/1, office 1, Chisinau MD-2012, Republic of Moldova, Europe
Printed at: see last page
ISBN: 978-620-7-91425-8

DEDICAÇÃO

Este livro de investigação é dedicado a todas as famílias do autor.

AGRADECIMENTOS

Gostaria de agradecer ao principal orientador desta tese**, o Dr. Girma Tilahun, pelos seus** comentários extremamente importantes e pela sua profunda perceção ao longo da tese e pelas suas ideias construtivas que moldaram o meu estudo desde a seleção do tema de investigação até à conclusão final da tese. Os meus agradecimentos vão também para o meu co-orientador desta tese**, Dr. Getachew Simie,** pelos seus valiosos comentários, orientação e por ter disponibilizado de forma fiável o orçamento para este trabalho de investigação e para o **Sr. Dawit Gebregziabher pela** sua contribuição na leitura do projeto da tese. Agradeço também ao projeto NORHED-EnPe pelo apoio financeiro e ao **Dr. Meseret Tessema** pela facilitação financeira atempada, e agradeço a toda a comunidade utilizadora de biogás por ter gentilmente fornecido dados e às partes interessadas pela sua contribuição para esta documentação e aos gabinetes de energia de Woreda, especialmente ao **Sr. Darmolo Shifa**, o perito do sector energético de Woreda Meskan, e a **Jemal Mohamed**, o chefe do departamento de energia de Woreda, por fornecerem dados actualizados sobre as tecnologias de biogás que tornaram a investigação um sucesso. Gostaria de expressar a minha sincera gratidão ao **Sr. Admasu** (Gabinete Regional de Água e Energia), a pessoa responsável pelo programa de biogás, que me ajudou a transmitir a situação da bioenergia, informação secundária sobre o biogás, desafios e direção futura do sector do biogás.

Factores determinantes e obstáculos à introdução da tecnologia do biogás e seu impacto socioeconómico em Meskan Woreda, no sul da Etiópia

Sr. Teklu Gebretsadik

RESUMO

O objetivo deste estudo era identificar os motores e os obstáculos à adoção da tecnologia do biogás e os seus benefícios socioeconómicos para o rendimento e os meios de subsistência das famílias no distrito de Meskan, no sul da Etiópia. O objetivo deste estudo foi investigar os factores determinantes e os obstáculos à adoção da tecnologia do biogás e os seus benefícios económicos para o rendimento e os meios de subsistência das famílias no distrito de Meskan, no sul da Etiópia. Os dados primários foram recolhidos através de questionários semi-estruturados, debates em grupos de reflexão, entrevistas a informadores-chave e observação pessoal direta de 134 famílias utilizadoras de biogás e 128 famílias não utilizadoras. Os resultados mostraram que a informação inadequada e a reorganização da segurança alimentar, a simplicidade da tecnologia e a atenção do governo são atualmente os factores mais importantes para o sector do biogás. No entanto, o estudo mostrou que a utilização da tecnologia do biogás contribui significativamente para melhorar as condições de vida das populações rurais pobres. Uma análise económica mostrou que os utilizadores de biogás conseguiram aumentar o seu rendimento líquido em 4326 ETB (72%) por ano e reduzir a quantidade de trabalho necessário para cozinhar e recolher lenha em 70% por dia e 40% por semana, respetivamente, em comparação com os não utilizadores. O estudo mostrou que a tecnologia do biogás protege o ei do fogo, a educação das crianças, poupando tempo na recolha de lenha da floresta, aumentando o rendimento das colheitas e reduzindo os custos dos fertilizantes através da utilização de estrume. Os resultados da regressão econométrica estimada mostraram que as famílias com um maior número de animais, a fonte de água e o nível de educação do agregado familiar, o serviço de extensão, o acesso ao crédito e a educação foram os determinantes mais importantes da produção de biogás e da adoção da tecnologia. As conclusões políticas incluem uma maior ênfase e apoio à produção pecuária, extensão e acesso ao crédito para os agricultores, formação sobre a construção de unidades de biogás, utilização sustentável da tecnologia, maximização dos seus benefícios, manutenção e reparação de unidades de biogás não operacionais ou parcialmente operacionais e sensibilização das pessoas para o armazenamento e utilização do bio-lixo. Deve ser criada uma plataforma operacional para uma ação conjunta das partes interessadas, a fim de realizar todo o potencial da tecnologia.

Palavras-chave: tecnologia do biogás, introdução, indústria da bioenergia, política, Sul da Etiópia.

ABREVIATURAS

BOFED Bureau of finance and Economic development

CSA Central statistical Authority

EEA Ethiopian Economic Association

FGD Focus Group Discussion

HHs Households

KII Key Informants Interview

MoWE Ministry of Water and Energy

SNNPRS Southern Nation Nationalities and Peoples Regional State

SPSS Statistical Package for Social sciences

WOA Woreda Office of Agriculture

WOWE Woreda office of Water and Energy

Capítulo 1 INTRODUÇÃO

Antecedentes do estudo:

A energia, um dos recursos mais importantes para o desenvolvimento nacional, desempenha um papel central no contexto do crescimento económico e da prosperidade nacional. No contexto do desenvolvimento rural, as características convencionais da utilização da energia nas zonas rurais centram-se na promoção da geração de rendimentos (Mirza et. al., 2008). As formas modernas de energia desempenham um papel importante no desenvolvimento sustentável e estão estreitamente ligadas à redução da pobreza, à atenuação das alterações climáticas, à educação, à segurança alimentar e à saúde pública (Mainali et al., 2014).

A bioenergia é a energia doméstica mais importante para as famílias rurais nos países em desenvolvimento. A utilização produtiva da bioenergia e a sua domesticação é uma estratégia importante para as famílias rurais melhorarem não só o seu rendimento, mas também a sua saúde, ambiente de vida, etc. (Mirza et. al., 2008). A tecnologia do biogás é uma das melhores formas de otimizar a utilização dos escassos recursos bioenergéticos (Dong e Li, 2010). Trata-se de uma tecnologia moderna e ecológica baseada na decomposição de materiais orgânicos num ambiente anaeróbio a uma temperatura adequada e estável por bactérias anaeróbias (Werner et al., 1989).

A utilização da tecnologia do biogás melhora o ambiente interior e exterior. O ambiente interior é melhorado através da redução da incidência de doenças devidas à queima de lenha e de estrume, enquanto o ambiente exterior é melhorado através da redução das emissões de dióxido de carbono e de metano (Siltan, 1985). A energia do biogás é também uma tecnologia comprovada que ajuda a reduzir as taxas de desflorestação e a conservar as árvores que sequestram mais carbono da atmosfera. O impacto localizado da desflorestação conduziria à erosão do solo, à desertificação, à perda de fertilidade do solo e a deslizamentos de terras (Marry et al., 2007). Neste contexto, a produção de biogás a partir de biomassa está a tornar-se cada vez mais importante, uma vez que a energia gerada pela tecnologia do biogás é considerada limpa, renovável e amiga do ambiente (Karekezi et al., 2012).

Estima-se que existam cerca de 500 centrais de biogás instaladas na Etiópia, das quais apenas um terço está a funcionar (Kidane, 2003). [3]A maioria destas centrais de biogás tem uma capacidade de 2,5 a 5 milhões de litros. [3]Assumindo uma produção de biogás de 2,5 milhões por dia a partir de 165 unidades (uma vez que apenas um terço está em funcionamento), obtém-se uma produção anual total de biogás de cerca de 3 tetra joules.

A energia é um fator-chave para o crescimento e o desenvolvimento de um país. Na Etiópia, o sector doméstico é responsável por mais de 95% do abastecimento de energia. Quase toda a energia utilizada por estes agregados familiares tem por base a biomassa. Tendo como pano de fundo as alterações climáticas e a política energética, há uma procura crescente de fontes de energia sustentáveis, renováveis e autóctones na Etiópia. A utilização de materiais para a produção de energia que, de outro modo, seriam considerados resíduos ou cuja eliminação custaria dinheiro, é convincentemente inteligente (Asnake, 2006).

O elevado número de cabeças de gado da Etiópia torna-a adequada para a produção de biogás nos agregados familiares, uma vez que os milhões de toneladas de estrume podem ser utilizados como matéria-prima para as unidades de produção de biogás. A grande quantidade de estrume representa uma séria ameaça para o ambiente e para a saúde se não for bem gerida. A energia da biomassa é um componente central do conceito mais amplo de "bioeconomia", que surgiu recentemente como uma abordagem integrada para a utilização eficiente de várias energias do biogás para produzir energia moderna e produtos orgânicos de elevado valor (Engida et al., 2011).

Para além dos benefícios para o ambiente, o aumento dos preços da energia convencional e os requisitos crescentes para a eliminação de materiais orgânicos são outros argumentos a favor da produção de biogás. No entanto, a utilização de estrume animal, resíduos orgânicos e outros tipos de biomassa como fontes de energia está altamente dependente da disponibilidade. A disponibilidade e a implementação dependem fortemente das políticas nacionais nos domínios da agricultura, do ambiente e da energia (Gebreegziabher, 2007).

No entanto, a domesticação tem sido dificultada por factores como a instabilidade económica, a pobreza e o analfabetismo. A nível regional, a incapacidade das práticas tradicionais para resolver a crise energética criou uma oportunidade para oferecer soluções alternativas que substituam a utilização da lenha. O desenvolvimento do biogás para uso doméstico também incentivou a criação de políticas sectoriais adequadas que são uma força motriz para o desenvolvimento de tecnologias energéticas alternativas (Tsegaye, 2014). Por conseguinte, a compreensão dos factores determinantes e dos obstáculos à domesticação do biogás é fundamental para melhorar os mecanismos de utilização dos recursos energéticos na área de estudo. No entanto, os estudos sobre as práticas domésticas e as percepções da utilização tradicional da energia do biogás são limitados na área de estudo, uma vez que os principais factores e barreiras não foram bem identificados e documentados.

O desenvolvimento do biogás e a utilização desta tecnologia na Etiópia estão ainda a dar os primeiros passos. Embora a primeira central de biogás tenha sido construída em 1979, existiam apenas 1000 digestores no país, dos quais mais de 50% não estavam a funcionar em 2007 (Boers e Getachew, 2007). Com base na experiência de projectos de biogás anteriores que não foram bem sucedidos, o Programa Nacional de Biogás da Etiópia (NBPE) foi lançado em 2008 com o objetivo de construir 14 000 unidades de biogás até 2013. Este programa seguiu a abordagem de distribuição e comercialização em massa. O NBPE foi implementado em distritos seleccionados dos quatro estados regionais etíopes de Amhara, Oromia, Nações, Nacionalidades e Povos do Sul (SNNP) e Tigray. Em 2008, o programa foi implementado em dois distritos do SNNP: os distritos de Arbaminch Zuria e Meskan. No entanto, desde 2010, o programa foi alargado e implementado em quatro outros distritos (Aleta Wondo, Aleta Chuko, Dale e Wenago). Em 2008, foi iniciada uma fase de demonstração que levou à construção de 25 centrais de biogás nos dois primeiros distritos. A implementação continuou com a construção de 96 centrais de biogás em seis distritos em 2009 e 2010. Nos distritos de Arbaminch, Zuria e Meskan, mais de 70 unidades de biogás foram construídas e entregues aos utilizadores durante estes períodos.

No entanto, existe pouca informação sobre as barreiras e os factores que levam à domesticação da tecnologia do biogás nas zonas rurais da Etiópia em geral e nas zonas de estudo em particular. Cada fator é avaliado neste estudo em termos da sua influência na adoção das tecnologias do biogás. Por conseguinte, este estudo foi iniciado para avaliar os principais obstáculos e factores que influenciam a domesticação da tecnologia do biogás e para analisar os seus benefícios socioeconómicos no distrito de Meskan, no sul da Etiópia.

Descrição do problema

O sector energético da Etiópia depende de uma gama limitada de recursos energéticos, sendo a biomassa a maior parte, o que tem um impacto significativo no ambiente. Como muitos outros países em desenvolvimento, a Etiópia enfrenta uma escassez crítica de energia, especialmente nas zonas rurais. A produção de biogás desempenha um papel crucial numa economia dinâmica, especialmente nos pequenos agregados familiares. Embora a Etiópia seja conhecida pelo seu grande potencial pecuário, a utilização dos recursos de estrume neste domínio é muito baixa (Mogues Worku, 2009).

De acordo com o relatório CSA (2007), 83,3% dos 79,1 milhões de habitantes da Etiópia vivem em zonas rurais. Do total da população que vive nas zonas urbanas, 86% têm acesso à eletricidade, enquanto apenas 2% da população das zonas rurais têm acesso a esta tecnologia. O resto do consumo de energia nas zonas rurais é coberto por combustíveis tradicionais, sendo a lenha, de longe, a fonte mais importante (81,8%t), seguida do estrume (9,4%), dos resíduos de culturas (8,4%) e de uma pequena quantidade de carvão vegetal (Akililu, 2008).

Globalmente, mais de 95% das necessidades energéticas do país são satisfeitas por combustíveis de biomassa, o que contribui para a desflorestação e a perda de nutrientes e matéria orgânica do solo. A Etiópia é um dos países que depende fortemente da biomassa para cozinhar e para iluminação. No entanto, apesar de toda a atenção prestada ao problema da energia na Etiópia no passado, as comunidades rurais continuam a estar privadas de serviços energéticos básicos (Aklilu, 2008).

Foram efectuadas várias análises de impacto em muitos países em desenvolvimento, como o Nepal, onde o biogás é uma fonte de energia popular nas zonas rurais. Sigh e Maharjan (2003) avaliaram a contribuição da tecnologia do biogás para o bem-estar das zonas rurais montanhosas do Nepal e concluíram que a utilização do biogás poupa tempo às famílias, aumenta a produção agrícola e o rendimento e melhora a saúde e a higiene das famílias. Desempenha também um papel importante na proteção do ambiente. Além disso, Katuwal e Alok (2009) analisaram o impacto do biogás nos agregados familiares rurais do Nepal e descobriram vários benefícios da tecnologia, como a melhoria da saúde, o aumento da produção agrícola e a poupança de tempo para as mulheres.

No entanto, até à data, foram realizados muito poucos estudos no sector da energia rural na Etiópia; em particular, foram realizados poucos estudos sobre os impactos, os motores e as barreiras da tecnologia do biogás para as famílias rurais. Zenebe (2007) analisou o consumo doméstico de combustível e a utilização de recursos nas zonas rurais e urbanas da Etiópia. Centrou-se principalmente na capacidade do biogás para inverter a degradação dos solos na região de Tigray. Boers e Getachew (2007) também avaliaram a situação atual do biogás na Etiópia. No entanto, não analisaram o impacto económico, nem os factores impulsionadores e inibidores desta tecnologia. Por conseguinte, existe uma lacuna de informação sobre os benefícios do biogás, os factores impulsionadores e os obstáculos na zona de estudo.

A avaliação dos potenciais motores e obstáculos à adoção da tecnologia do biogás como fonte de energia alternativa tornou-se recentemente crucial e atractiva devido à crescente procura de energia, aos recursos limitados para a compra de combustíveis fósseis e às preocupações ambientais (Asnake, 2006). Assim, cerca de 80% da população da Etiópia vive em zonas rurais onde o acesso à eletricidade ou a outras fontes de energia modernas é inexistente ou limitado. Como parte da economia ecológica da Etiópia, a tecnologia do biogás foi identificada e domesticada como uma das fontes alternativas de energia renovável que pode substituir o atual consumo excessivo de lenha, carvão vegetal e outras biomassas lenhosas, por um lado, e resolver o problema da elevada poluição do ar interior e os principais problemas de saúde das mulheres e das crianças, por outro. No entanto, são poucos os estudos que abordam a domesticação da tecnologia e os potenciais obstáculos e motores para a adoção do biogás nas comunidades rurais.

Apesar do facto de a tecnologia do biogás poder desempenhar um papel importante, direto ou indireto, no desenvolvimento do abastecimento de energia rural na área de estudo, os potenciais obstáculos e factores de mudança, bem como os seus impactos socioeconómicos, ainda não foram bem estudados e documentados. Por conseguinte, este estudo foi desenvolvido para avaliar as barreiras e os factores que afectam a domesticação da tecnologia do biogás e para analisar os seus benefícios socioeconómicos nas comunidades rurais do distrito de Meskan, no sul da Etiópia.

Âmbito e limitações do estudo

Este estudo centrou-se na avaliação dos factores técnicos e dos obstáculos à domesticação da tecnologia do biogás e do seu impacto nas comunidades rurais do distrito de Meskan, na zona de Gurage, no sul da Etiópia. O estudo avaliou os principais obstáculos e factores de desenvolvimento da tecnologia do biogás do ponto de vista dos benefícios socioeconómicos, ambientais e agronómicos. Apesar do âmbito limitado do estudo, que se restringe aos principais factores, obstáculos e impactos socioeconómicos, os resultados são considerados com a devida diligência e continuam a dar uma ideia da contribuição desta tecnologia para o bem-estar das famílias rurais.

significado do estudo

Este estudo determina o estado atual da domesticação do biogás nas áreas de estudo e identifica as barreiras e os factores que influenciam o desenvolvimento e o crescimento futuro com os seus benefícios socioeconómicos. A energia sustentável é um fator crucial para o desenvolvimento sustentável de uma sociedade. O sistema de abastecimento e utilização de energia tem também muitos impactos na economia doméstica, no ambiente de vida, nas actividades das mulheres, na segurança das crianças, na nutrição familiar e noutros aspectos, incluindo o ambiente local e global. Apesar de toda a atenção dada às questões energéticas na Etiópia no passado, as comunidades rurais continuam a estar privadas de serviços energéticos básicos. Este estudo fornecerá informações empíricas sobre os principais obstáculos e factores que afectam a domesticação da tecnologia do biogás e os benefícios socioeconómicos previstos para os utilizadores de biogás nos distritos meskan da zona de Gurage, no sul da Etiópia, em particular, e no mundo em geral. Além disso, os resultados deste estudo também fornecerão informações sobre os benefícios socioeconómicos, ambientais e agronómicos da domesticação do biogás. Os resultados também informarão os decisores políticos sobre se os objectivos planeados estão a ser alcançados ou se é necessário fazer alterações, especialmente em termos de alcançar os objectivos do segundo GTP e da economia verde da Etiópia. Espera-se que uma melhor compreensão destas questões beneficie os esforços políticos para melhorar os padrões de vida, especialmente para a população rural pobre em energia e para as mulheres e crianças marginalizadas. A informação poderá ajudar os agricultores a produzir a sua própria energia a partir de materiais locais no futuro. Os resultados poderão também atrair investigadores interessados e todas as outras partes interessadas que trabalham em prol de melhores políticas para melhorar as condições de vida nas zonas rurais.

Objectivos do estudo

Objetivo geral:

O objetivo geral do estudo era avaliar os principais obstáculos e factores que influenciam a adoção da tecnologia do biogás e o seu impacto socioeconómico nas comunidades rurais do distrito de Meskan, no sul da Etiópia.

Objectivos específicos:

Avaliação dos actuais entraves e factores de incentivo à introdução da tecnologia do biogás.
Avaliação dos benefícios em termos de rendimento da tecnologia do biogás
Identificação dos factores que influenciam a decisão das famílias de introduzir a tecnologia do biogás

Questões de investigação

Este estudo abordará as seguintes questões principais de investigação:

1. *Quais são os principais factores e obstáculos à difusão da tecnologia do biogás?*
2. *Quais são os efeitos socioeconómicos da domesticação da tecnologia do biogás? E*
3. *Que factores influenciam a decisão dos agregados familiares de introduzir a tecnologia do biogás na área de estudo?*

Hipótese

Pode haver diferentes barreiras e factores que afectem de forma diferente as famílias rurais economicamente diversas, ou pode não haver barreiras e factores. A domesticação da tecnologia do biogás traria ou não melhores benefícios socioeconómicos ou ambientais para a comunidade rural. Os resultados do presente estudo fornecem informações úteis para uma maior intervenção das partes interessadas e para a definição de orientações políticas.

CAPÍTULO 2 INVESTIGAÇÃO BIBLIOGRÁFICA

Estado da tecnologia do biogás no mundo

Nos países ricos industrializados, a biomassa representa, em média, cerca de 3 % do total das fontes de energia primária, enquanto nos países emergentes esse valor é de 38 % (Knegel, 2009). Segundo o mesmo autor, chega mesmo a atingir mais de 90 % em alguns países pobres. Deublein e Steinhauser (2008), no seu livro intitulado "Biogas from waste and renewable resources", referem que a quota da biomassa no consumo total de energia primária é de cerca de 4 % nos Estados Unidos, 2 % na Finlândia, 15 % na Suécia e 13-15 % na Áustria.

Segundo Zenebe (2007), os primórdios da história do metano produzido por fermentação remontam ao início do século I d.C., quando Plínio observou o aparecimento de luzes cintilantes sob a superfície dos pântanos. Em 1859, um hospital para doentes de lepra em Mumbai, na Índia, inaugurou a sua estação de tratamento de águas residuais para produzir biogás para iluminação e para fornecer energia em caso de emergência (Deublein e Steinhauser, 2008). Em 1932, foi criada uma nova empresa de biogás, a Chinese Guorui Biogas Company, para resolver os problemas de eliminação de estrume e melhorar a higiene. Na Índia, Jashu Bhai J Patel desenvolveu um biorreactor de balde flutuante em 1956, que ficou conhecido como a "fábrica de gás Gobar". Em 1962, este projeto foi reconhecido pela Khadi and Village Industries Commission (KVIC) da Índia e comercializado em todo o mundo. Após a construção da 80ª cúpula, esta conceção foi substituída pelo biorreactor de "cúpula" chinês. Tanto os fermentadores indianos flutuantes como os fermentadores chineses de cúpula fixa têm sido amplamente utilizados na Etiópia desde 1979, mas mais tarde outros tipos de fermentadores como o "SINIDU" foram promovidos pelo NBP (Mary *et al.,* 2007).

Produção de biogás na Etiópia

A literatura teórica e empírica apresenta pontos de vista contraditórios sobre a utilização dos recursos da biomassa e do biogás para satisfazer as necessidades energéticas humanas básicas. Os primeiros defensores adoptaram uma visão pessimista da utilização da biomassa como combustível. Estes teóricos argumentavam que a dependência dos recursos de biomassa para satisfazer as necessidades energéticas básicas era prejudicial para a saúde e o bem-estar dos utilizadores, bem como para o ambiente. Os optimistas insistiam que a utilização sustentável da biomassa através de tecnologias modernas de biogás fornece energia renovável. A energia renovável é derivada de processos naturais que se renovam constantemente. Provém direta ou indiretamente do sol ou do calor gerado nas profundezas da terra. A energia solar, eólica, da biomassa, geotérmica, hidroelétrica, dos recursos oceânicos, dos biocombustíveis e do hidrogénio provém de recursos renováveis (Energy Information Administration (EIA), 2008).

A tecnologia do biogás foi introduzida na Etiópia já em 1979, quando foi construído o primeiro digestor descontínuo no Colégio Agrícola de Ambo. [33]Ao longo das últimas duas décadas e meia, foram construídas cerca de 1000 unidades de biogás, com dimensões entre 2,5 metros e 200 metros, em agregados familiares, comunidades e instituições governamentais em várias partes do país. Em 2008, cerca de 40% das unidades de biogás construídas não estavam a funcionar devido à falta de uma gestão e acompanhamento eficazes, a problemas técnicos, à perda de interesse na unidade, ao declínio do número de animais, ao abandono das unidades pelos proprietários e a problemas de água. O biogás é mais conveniente do que os combustíveis tradicionais, como a lenha, o estrume seco e mesmo a parafina. Produz uma chama quente e limpa que não mancha as panelas nem irrita os olhos, como acontece com o fumo de outros combustíveis (NBP, 2008).
Em geral, existem duas opções tecnológicas para a utilização do biogás como fonte de energia nas zonas rurais: uma ao nível do agregado familiar e outra ao nível da aldeia ou comunidade. Isto significa que existem grandes digestores que podem fornecer biogás a três ou quatro agregados familiares vizinhos e digestores mais pequenos que fornecem biogás a apenas uma família (Zenebe, 2007).

Na Etiópia, são atualmente utilizados digestores mais pequenos com um volume de 6 m3 (Mary *et al.,* 2007). Deve também notar-se que existem digestores de grande e médio porte utilizados para aplicações agro-industriais, como em fábricas de alimentos, adegas e para aplicações urbanas, como a produção de eletricidade (Zenebe, 2007; Deublein e Steinhauser, 2008). O biogás para pequenos agregados familiares discutido neste estudo é o digestor de biogás familiar acima mencionado com um volume de 6m3. Os excrementos humanos, vulgarmente conhecidos como solo noturno, são utilizados em centrais de biogás em vários países. O biogás poderia ser produzido em digestores familiares, mas estudos demonstraram que o solo noturno de 40 a 60 pessoas é necessário para produzir gás de cozinha suficiente para uma família (GTZ, 1999).

Factores determinantes e obstáculos para a domesticação da tecnologia do biogás

Os motores do crescimento do biogás e os principais obstáculos ao desenvolvimento são as principais preocupações do sector do biogás. Os factores que influenciarão a taxa de crescimento do biogás podem ser classificados em cinco grandes categorias: O custo das tecnologias de produção e utilização do biogás, o custo das fontes de energia alternativas, os obstáculos tecnológicos e outros factores que podem influenciar as taxas de expansão potencial das instalações/pontos de alimentação que podem utilizar o biogás.

Os principais obstáculos que os sectores enfrentam são as matérias-primas, a disponibilidade de terrenos, os requisitos de aquecimento e a experiência operacional.

Fezes humanas

Na maioria das culturas, o manuseamento de fezes humanas é tabu. Por conseguinte, se o solo noturno for utilizado numa central de biogás, a casa de banho em questão deve ser drenada diretamente para a central, para que o solo noturno possa ser fermentado sem pré-tratamento.

As fezes humanas são uma matéria-prima potencial para a produção de biogás. Um adulto com uma dieta normal produz entre 100 e 250 gramas de cinzas nocturnas por dia. Com uma dieta à base de plantas, um adulto produz 300-400 gramas por dia ao *planear* um *sistema de produção de biogás para uma instalação residencial e a sua viabilidade em 2011*. O solo noturno tem normalmente um pH neutro a ligeiramente alcalino, 24-27 % de MS (peso seco) com um valor C/N de 6 a 10, azoto 4 a 6 %, VS 85 % de MS (Krishna, 1987). O biogás do solo humano noturno é, em média, de 0,02-0,*03* m3 *por dia* a partir de 200 g de peso húmido a 70% de CH4 (Krishna, 1987). A tecnologia do biogás contribuiu para a gestão dos excrementos humanos (fezes e urina) e do estrume do gado. A tecnologia de energia do biogás foi considerada uma força motriz para a construção e utilização de instalações sanitárias em áreas rurais (Haftu e Abel, 2016).

Composição e propriedades do biogás

O biogás é uma mistura de gases produzida pela digestão de matéria orgânica por bactérias anaeróbias em condições anaeróbias (ou seja, sem oxigénio) (Mattocks, 1984). A maioria dos estudos sobre o biogás indica que o metano (CH4) e o dióxido de carbono (CO2) são os principais componentes, com o metano a representar entre 50 e 80 % e o dióxido de carbono entre 20 e 50 % (EREC, 2002). Outros componentes do biogás que podem ocorrer em pequenas quantidades (vestígios) são Hidrogénio (H_2), azoto (N_2), sulfureto de hidrogénio (H_2S), monóxido de carbono (CO), amoníaco (NH_3), oxigénio (O_2) e vapor de água (H_2O) (Schomaker et al., 2000).

Potencial e consumo dos recursos energéticos da Etiópia

A Etiópia possui grandes reservas não utilizadas de vários recursos energéticos renováveis. Atualmente, as necessidades energéticas do país são satisfeitas quase exclusivamente por centrais hidroeléctricas, geotérmicas e a gasóleo. Um estudo da Associação Económica Etíope (AEA) sublinha que a Etiópia enfrenta problemas de gestão para satisfazer as suas necessidades energéticas crescentes, tanto do lado da oferta como da procura (AEA, 2009).

Recurso de energia solar

Os recursos energéticos renováveis na Etiópia, com exceção da biomassa, não foram ativamente incluídos no programa energético nacional. Para além de alguns mercados apoiados por doadores e baseados em projectos, a utilização dos recursos energéticos renováveis e a divulgação dessas tecnologias praticamente não se desenvolveram. O conhecimento do potencial de exploração dos recursos solares e a identificação de potenciais regiões de desenvolvimento ajudarão os responsáveis pelo planeamento energético a incluir o recurso como meio alternativo de fornecimento de energia, através de uma análise técnico-económica mais rigorosa que conduza a projecções económicas mais realistas.

Recurso de energia eólica

Até há pouco tempo, o desenvolvimento da energia eólica era talvez a menos reconhecida de todas as fontes de energia renováveis na Etiópia. Isto deve-se em parte à falta de atenção dada ao desenvolvimento das energias renováveis em geral, mas também à dificuldade de encontrar um local adequado num país com recursos eólicos limitados. Por conseguinte, a informação sobre o potencial eólico e a localização de regimes de vento promissores ajudará os planeadores e promotores de energia a considerar o recurso como um meio alternativo de abastecimento de energia.

Consumo de energia

Em 2010, o consumo de energia na Etiópia totalizou 1,3 exa joules. Nesse ano, o consumo de energia nos agregados familiares dominou (87 %), seguido do sector dos transportes (8 %) e do sector combinado do comércio e dos serviços (5 %), tendo o restante (1 %)

sido consumido pelo sector industrial. A produção anual de energia na Etiópia foi equivalente a 29,581 milhões de toneladas de petróleo e o consumo a 30,02 milhões de toneladas de petróleo em 2010, sendo o restante coberto por produtos petrolíferos importados. A maior parte da energia consumida na Etiópia em 2009 (92%) provinha de fontes de biomassa, 7% de combustíveis fósseis e apenas 1% de outras formas de produção de eletricidade. No que diz respeito aos utilizadores finais, cerca de 92 % da energia foi consumida para uso privado, seguida dos transportes (4 %), da indústria (2 %) e do comércio (1 %) (AIE, 2009).

Contribuição do biogás para a redução dos encargos das mulheres e das crianças

O biogás é amplamente aceite como combustível para cozinhar e para iluminação na Etiópia e beneficia sobretudo as mulheres e as crianças. Reduz a carga de trabalho global das mulheres ao satisfazer as suas necessidades energéticas diárias (Nigma e Bindu, 2009). De acordo com a ECAPAPA (2006), as mulheres trabalham em média 13 horas por dia, e esta carga de trabalho é exacerbada pela escassez de lenha. As raparigas são frequentemente retiradas da escola para ajudar as mães a recolher lenha.

Revisão dos métodos de avaliação de impacto

O objetivo mais amplo da avaliação do impacto é determinar se o programa teve o impacto desejado nos indivíduos, agregados familiares e instituições e se esse impacto é atribuível à intervenção do programa (Baker, 2000). O impacto da tecnologia do biogás na economia doméstica é classificado em quatro domínios principais (Anandajayasekeram et al., 1996):

1. Efeitos na produção: Dizem respeito às alterações nos rendimentos e na área cultivada causadas pela tecnologia.
2. Impacto económico: Requer uma comparação dos benefícios e dos custos, tendo em conta os rendimentos, os retornos e a redução dos riscos.
3. Impactos sociais/culturais: Estes incluem melhorias no estatuto do género, alterações nos níveis de conhecimentos e competências das pessoas, o número e o tipo de empregos criados e/ou destruídos, alterações no estado de saúde de diferentes grupos de pessoas, a distribuição de benefícios na sociedade, alterações na atribuição de recursos e impactos na nutrição, todos eles atribuíveis à tecnologia.
4. Impactos ambientais: Poluição do ar e da água, erosão e sedimentação do solo,

alterações no balanço hídrico, contaminação do solo e da água por resíduos de herbicidas ou pesticidas, efeitos no funcionamento a longo prazo da biosfera, possíveis alterações climáticas e efeitos na biodiversidade.

Ao analisar o impacto económico e social de uma intervenção numa pessoa participante, o resultado observado deve ser comparado com o resultado que teria ocorrido se essa pessoa não tivesse participado no programa ou na intervenção.

No entanto, como já foi referido, não podem ser observados dois resultados para a mesma pessoa. Por outras palavras, apenas o resultado real pode ser observado. O problema fundamental da avaliação dos programas sociais é, por conseguinte, o problema dos dados em falta (Ravallion, 2005; Bryson *et al.,* 2002).

Para estimar o impacto de uma intervenção, é necessário separar o seu efeito dos factores intervenientes que podem estar correlacionados com os resultados, mas que não foram causados pela intervenção (*Ezemenariet al.,* 1999).

Na prática das ciências sociais, a escolha de uma determinada abordagem depende, entre outros factores, da disponibilidade de dados, dos custos e da ética da experiência. Os métodos mais importantes de avaliação de impacto acima referidos são descritos sucintamente de seguida.

Contribuição do biogás para a melhoria da saúde e do saneamento

A substituição de combustíveis tradicionais altamente poluentes por biogás praticamente elimina a poluição do ar interior, que é uma das principais causas de doenças respiratórias agudas, especialmente em mulheres e crianças que passam muito tempo em cozinhas cheias de fumo (Getachew et al., 2006). Ao ligar a central de biogás à latrina, os benefícios do biogás para a saúde são ainda maiores. As unidades de biogás ligadas à casa de banho reduzem a incidência de doenças gastrointestinais e o incómodo (Mary et al., 2007).

Benefícios ambientais do biogás

A substituição da energia de biomassa por biogás pode ajudar a resolver muitos dos problemas normalmente associados à utilização de combustíveis de biomassa. A qualidade do ar interior nas habitações melhorará drasticamente com a utilização do biogás em vez da queima de lenha, resíduos de culturas e bagaço de estrume. Isto significaria que muitos dos problemas associados às partículas de fumo perigosas seriam evitados. Além disso, a instalação de sistemas de biogás pode contribuir para uma melhor gestão e eliminação do estrume animal e do solo noturno. Os sistemas de biogás também têm demonstrado ajudar a reduzir a pressão sobre as florestas, que desempenham um papel importante na gestão das bacias hidrográficas e no controlo da erosão dos solos (Gaafar, 1994). Além disso, a utilização de biossólidos reduz a depleção de nutrientes do solo ao fornecer nutrientes, levando a maiores rendimentos das culturas e reduzindo assim a pressão para expandir as terras de cultivo, a principal causa da desflorestação (Anushiya, 2010 e Krishan, 2010).

Biogás e agricultura

A economia da Etiópia caracteriza-se principalmente pela agricultura. Cerca de 85% da população vive diretamente da agricultura (CSA, 2007). A falta de lenha obriga os agricultores a utilizar o estrume e os resíduos vegetais como combustível em vez de os utilizar como fertilizante orgânico. De acordo com o estudo de Hailu e Edwards (2006) citado em Zenebe, 2007, as perdas de produção agrícola devidas à queima de estrume e à erosão do solo estão estimadas em mais de 600 000 toneladas por ano, o que corresponde ao dobro da necessidade média anual de ajuda alimentar na Etiópia. Com a décima maior população de gado do mundo, a Etiópia pode beneficiar significativamente deste fertilizante orgânico se o sector da energia nas zonas rurais for devidamente tratado (EREDPC e SNV, 2008). A tecnologia do biogás é uma das melhores formas de otimizar a utilização destes recursos escassos. O chorume produzido após a extração do conteúdo energético do estrume animal continua a ser um excelente fertilizante, rico em nutrientes essenciais (NPK) e matéria orgânica (húmus) que determinam a fertilidade do solo e o rendimento das culturas. Devido à decomposição e desagregação de partes do seu conteúdo orgânico, o estrume fornece nutrientes de ação rápida que são facilmente absorvidos na solução do solo e, por conseguinte, estão imediatamente disponíveis para as plantas (Dong, 2010).

Política e estratégias nacionais no domínio da energia

A energia é um fator importante para o desenvolvimento económico e social. Isto significa que o desenvolvimento da política energética deve, em primeiro lugar, ser orientado pelos princípios da política económica nacional e, em seguida, harmonizado com as políticas sectoriais e intersectoriais. As políticas que afectam diretamente ou são afectadas pela política energética incluem a política nacional de recursos e ambiente, a política científica e tecnológica, a política de gestão dos recursos hídricos e a política de saúde e educação.A estratégia em matéria de energias renováveis (e de energia solar e eólica) baseia-se no facto de as energias renováveis contribuírem direta e significativamente para cinco dos seis objectivos políticos: redução da pobreza, segurança energética, sustentabilidade, governação e eficiência económica. Estes serviços incluem eletricidade para bombas de água, instalações de saúde, escolas e uso doméstico. No entanto, as energias solar e eólica são recursos endógenos. Reduzem a vulnerabilidade a mudanças externas negativas. A mudança de prioridades na cena internacional, onde as energias renováveis estão agora no centro das atenções, significa que os países precisam de aumentar a sua capacidade de produzir e utilizar estas tecnologias de forma eficaz, e a inclusão da energia solar e eólica no cabaz nacional de fornecimento de energia a uma escala significativa compensará a escassez imprevista do fornecimento devido a factores ambientais e outros. No caso da rede de eletricidade, por exemplo, a dependência exclusiva da energia hidroelétrica conduzirá a carências em épocas particularmente secas. Os serviços rurais importantes, como o abastecimento de água, os hospitais e as escolas, são vulneráveis à falta de fiabilidade do abastecimento de energia devido a infra-estruturas físicas deficientes. As tecnologias de energia solar e eólica são as opções mais rentáveis para as povoações e comunidades rurais dispersas. Ao substituir o petróleo pela energia solar e eólica, as famílias e as empresas podem poupar recursos que utilizariam noutros empreendimentos produtivos.

Quadro concetual

Para que a utilização da energia seja bem sucedida e sustentável, devem ser identificados os potenciais obstáculos e factores impulsionadores das fontes de energia alternativas disponíveis e são necessárias tecnologias para a utilização da bioenergia sustentável. Estas devem ser bem adaptadas às condições locais (adequadas). As pessoas devem ser capazes de as manter e as tecnologias devem ser rentáveis. As instituições que regulam a utilização da tecnologia da bioenergia devem basear-se na sensibilização e na perceção autóctone da comunidade local. Devem envolver todos os intervenientes relevantes, especialmente a comunidade, desde a identificação do problema até todos os níveis de planeamento. Por último, as tecnologias devem ser acessíveis do ponto de vista económico. Devem contribuir tanto para a geração de rendimentos como para a

Melhorar a compatibilidade ambiental com a atual economia verde.

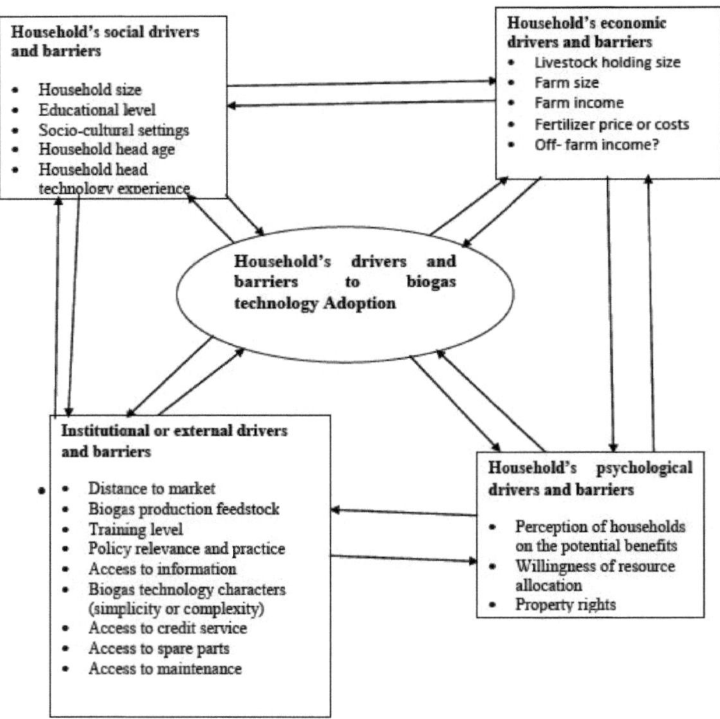

Figura 1: Quadro concetual do estudo. Fonte: modificado de Habtamu (2006).

*Todas estas variáveis devem ter efeitos directos e indirectos na probabilidade de os agricultores participarem na introdução da produção e domesticação de biogás, com diferentes barreiras à produção.

Isto baseia-se em três pressupostos. Em primeiro lugar, reconhece-se que os agricultores têm a sua própria experiência e conhecimentos, que têm vindo a utilizar há gerações para o cultivo e utilização da energia do biogás. Em segundo lugar, parte-se do princípio de que os seus conhecimentos são mensuráveis e comparáveis entre municípios. Em terceiro lugar, parte-se do princípio de que os seus conhecimentos e os seus resultados podem dar um contributo importante para o desenvolvimento da política local. Por conseguinte, pouco se sabe ainda sobre a medida em que podem complementar os conhecimentos científicos existentes em matéria de avaliação e monitorização do biogás.

Estudos empíricos sobre a tecnologia do biogás

Há pouca informação disponível sobre o impacto da tecnologia do biogás e são discutidos alguns estudos e a aplicação do modelo utilizado por vários investigadores.

Resultados empíricos de estudos anteriores

Um estudo realizado por *Kabiret al.* (2013) no Bangladesh concluiu que a educação é um fator crucial para a adoção do biogás, uma vez que as pessoas mais instruídas querem energia limpa e também reconhecem a importância desta energia para a conservação do ambiente. Afirma ainda que os subsídios ou empréstimos governamentais ou organizacionais facilitam a adoção do biogás pelas famílias, uma vez que o custo inicial se torna acessível e as pessoas recebem formação e orientação do governo.

De acordo com Wang *et al.* (2012) e Fei & Yu (2011), a utilização do biogás na China é influenciada pela dimensão da família, idade, género, nível de educação, conhecimento e sensibilização. O apoio do governo, sob a forma de financiamento e de políticas, também influencia a utilização do biogás na China (Tian, 2013).

O estudo conduzido por Walekhwa, Mugisha e Drake (2010) mostrou que, à medida que o número de cabeças de gado aumenta, é provável que os agregados familiares adoptem a tecnologia do biogás, uma vez que estas são a principal fonte de substrato para a produção de biogás. Além disso, o aumento do custo dos combustíveis tradicionais também levou as famílias a adoptarem a tecnologia do biogás, uma vez que se trata de um combustível de alta qualidade que oferece várias vantagens em relação aos combustíveis tradicionais.

Biadu_Forson, citado em Walekhwa (2010) para mostrar que a adoção também era mais bem-vinda quando um agregado familiar tinha um estatuto económico mais elevado, uma vez que podia suportar o custo inicial de uma unidade de biogás (*Walekhwaet al.*, 2010). Sugerem também que a dimensão da família pode influenciar a adoção se uma família numerosa for vista como uma ajuda adicional, especialmente no fornecimento de mão de obra para a operação e manutenção de rotina. A tecnologia do biogás requer espaço, sob a forma de terra para a construção da unidade de biogás e de pastagem para o gado necessário como forragem, pelo que a posse de terra é um fator determinante para a adoção do biogás, tal como referido por *Walekhwaet al.* Njenga (2013) concluiu que os agregados familiares chefiados por homens têm mais probabilidades de adotar o biogás do que os chefiados por mulheres, uma vez que os homens dominam e controlam o acesso aos recursos.

A tecnologia do biogás requer espaço sob a forma de terra para a construção da unidade de biogás e a disponibilização de pastagens para o gado necessário para a alimentação. Por conseguinte, a posse de terra é um fator determinante para a adoção do biogás, tal como referido por Walekhwa *et al.* (2010).

Njenga (2013) descobriu que os agregados familiares chefiados por homens são mais propensos a usar biogás do que os chefiados por mulheres porque os homens dominam e controlam o acesso aos recursos.

O estatuto económico e o custo inicial da instalação de uma unidade de biogás foram também citados por Wanjugu (2012) como obstáculos à adoção da tecnologia do biogás. Observou que as famílias com baixo estatuto económico eram desencorajadas a adotar o biogás devido ao elevado custo inicial de construção da central. Finalmente, os vizinhos que adoptaram a tecnologia podem inspirar outros quando falam sobre os benefícios positivos do biogás.

Um estudo realizado pelo FIDA (2007) na Jordânia constatou que as famílias ganham consistentemente muito pouco devido a uma série de factores. Estes factores incluem: má qualidade do solo e topografia da terra, baixa pluviosidade e acesso limitado a fontes alternativas de rendimento. A indisponibilidade de serviços técnicos pode ser devida a preconceitos na transferência de tecnologia, tais como preconceitos espaciais, de projeto, profissionais, pessoais e diplomáticos perpetuados pelos extensionistas e profissionais (Chambers, 2013).

CAPÍTULO 3 METODOLOGIA

Descrição da zona de estudo

Características físicas

O distrito de Meskan está situado na zona de Gurage do Estado Regional das Nações, Nacionalidades e Povos do Sul (SNNPRS). É um dos 15 distritos da zona. A capital do distrito, a cidade de Butajira, está situada 133 quilómetros a sul de Adis Abeba, a 155 quilómetros de Hawassa, a capital do SNNPRS, e a 133 quilómetros de Welkite, a capital da zona de Gurage. O distrito faz fronteira com o distrito de Sodo a norte, com a zona de Selite, com o distrito de Mareko e parte do distrito de Sodo a sul e com os distritos de Muhere Aklile, zona de Silite e Gedebano Gutazer Welene a oeste. O distrito é constituído por 43 kebeles, 37 das quais são rurais e 6 urbanas. O distrito de Meskan cobre 50.177 hectares. Cerca de 31,3 % da superfície está coberta por culturas anuais, 9,9 % por culturas perenes, 25,22 % por florestas e 26,73 % por outras culturas. A altitude situa-se entre 1501 e 3500 metros acima do nível do mar. Astronomicamente, situa-se entre 7,99 - 8,280N de latitude e 38,26 - 38,580E de longitude. °Agroclimaticamente, o distrito divide-se em Weina-Dega (planalto médio, 80 %) e Dega (planalto, 20 %), com uma temperatura média entre 7,5 e 17,5 °C . A precipitação média no distrito varia entre 1001 mm e 1200 mm. A topografia da área é caracterizada por 35 % de terreno acidentado, cerca de 10 % de terreno montanhoso e os restantes 55 % de terreno plano. Os tipos de solo mais importantes incluem 22 % de solos vermelhos, 25 % de solos castanhos e 53 % de solos negros.

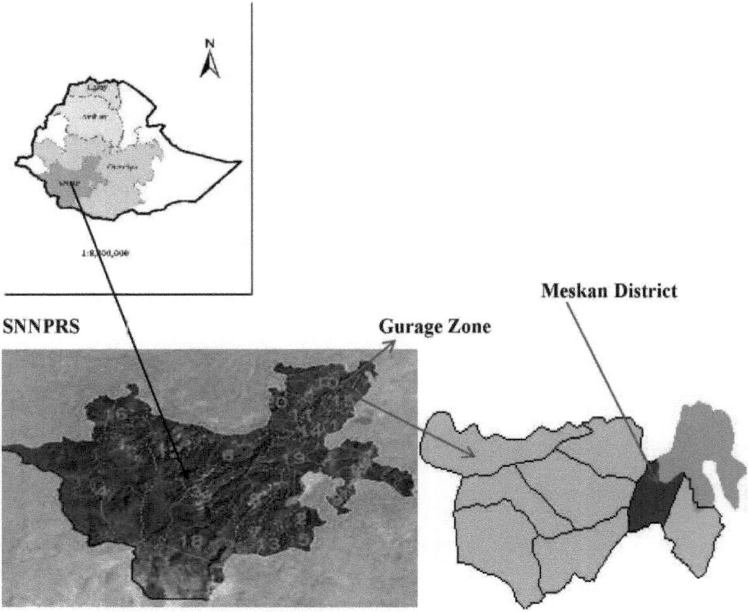

Figura 2: Mapa da zona de estudo

3.1.1 Perfil socioeconómico

As famílias rurais vivem em casas redondas tradicionais (tukuls) feitas de madeira, rebocadas com barro e cobertas com palha. A maior parte das famílias rurais partilha os seus alojamentos com os seus animais de estimação. A água (tanto para consumo humano como animal) é geralmente obtida em nascentes, rios e poços.

A maioria da população rural pratica uma agricultura de subsistência. Os bois e o equipamento agrícola tradicional são utilizados para cultivar as pequenas e fragmentadas parcelas de terra. O milho e o sorgo são os alimentos básicos mais importantes no woreda. As famílias pobres dedicam-se frequentemente ao pequeno comércio e ao trabalho assalariado para complementar o magro rendimento da agricultura. Muitas famílias rurais na maior parte do distrito sofrem de escassez aguda de alimentos devido à seca recorrente e à baixa produtividade agrícola.

3.2 Tipos e fontes de dados

Entre as famílias rurais, há três sistemas de produção de biogás mutuamente exclusivos ou categorias a que se pode pertencer: *os que produzem e utilizam; os que conhecem a tecnologia e a adoptaram, mas ainda não a utilizam; e os que não adoptaram nem utilizaram a tecnologia (não utilizadores).* Depois de classificar as famílias rurais em diferentes sistemas de produção de biogás, a próxima questão empírica importante relacionada com o fornecimento de produtos de biogás é investigar quais os factores que influenciam a decisão de uma família rural a favor de um determinado sistema de utilização de energia do biogás.

Tamanho da amostra

Para determinar a dimensão da amostra, foi utilizada a fórmula matemática determinada por Taro Yamane (1970) e foi desenvolvida a seguinte fórmula matemática para determinar a dimensão da amostra.

$$n = \frac{N}{1+N(e)^2}$$

Onde N é o número total de agregados familiares na localidade que utilizam fontes de energia a nível do agregado familiar, ou seja, 394, "e" é o termo de erro, que é igual a 7% a um nível de precisão de 0,7%. Utilizando esta fórmula,

$$n = \frac{394}{1 + 394(0.07)^2} = 134$$

Assim, foi selecionada uma amostra de 134 pessoas da população total de 394 agricultores que produzem em todos os kebeles e que participam no desenvolvimento da energia do biogás. Foi selecionada uma amostra aleatória sistemática para determinar os 134 participantes.

Amostragem:

O estudo inclui métodos de amostragem probabilística e intencional. A amostra probabilística foi utilizada para selecionar os agregados familiares que optaram pelo biogás e para selecionar os agregados familiares que não optaram pelo biogás, bem como os informadores-chave e os participantes nos grupos de discussão.

As fotografias foram tiradas durante a observação pessoal no terreno. Foi realizado um inquérito de inspeção para recolher informações básicas sobre a área e para selecionar um distrito representativo e as principais kebeles que utilizam biogás. Os participantes dos grupos de discussão eram pessoas de diferentes idades, género e riqueza, líderes de aldeia ou kebele, agricultores exemplares e pessoas com boa aceitação na comunidade.

Quadro 1: Distribuição dos agregados familiares da amostra nas AP rurais

Selected rural kebeles	Total number of households	Sample user households	S. non-user households
Dida	569	10	10
Meskan zuria	790	14	14
Enseno	1242	11	11
Ocha	609	6	6
Bamo	670	6	6
Wolensho	590	10	10
Beressa/shershara	498	13	13
Batifuto	596	11	11
Wita	670	16	10
MerabEmbore	790	9	9
Beche	726	9	9
Dobenabati	450	9	9
Total	**7759**	**134**	**128**

Os kebeles foram sistematicamente seleccionados de acordo com os factores que determinam a produção de biogás, a história da adoção e utilização do biogás e o método de amostragem proporcional para selecionar os agregados familiares ao nível do kebele. Em cada kebele, foi obtida uma lista de agregados familiares que utilizam biogás junto dos gabinetes woreda e kebele e foi utilizada uma amostragem aleatória sistemática para selecionar os agregados familiares.

Os inquéritos de amostragem foram seleccionados propositadamente entre os proponentes/utilizadores da tecnologia do biogás e os não-proponentes das proximidades e distribuídos aleatoriamente entre as kebeles. Finalmente, foi inquirido um total de **262** (134) agregados familiares de utilizadores de biogás e (128) agregados familiares de não utilizadores.

3.3 . Recolha de dados

Método de recolha de dados e instrumento de recolha de dados

O método de recolha de dados foi um inquérito por questionário no domicílio, uma lista de controlo e observações pessoais no terreno. As questões levantadas por estes métodos eram basicamente semelhantes para efeitos de triangulação. O inquérito por questionário ao agregado familiar foi realizado em agregados familiares que utilizam a tecnologia do biogás. A lista de controlo contém perguntas que foram preenchidas com informadores-chave e participantes em grupos de discussão. Antes da recolha formal de dados, o questionário foi pré-testado para alterar e adaptar os questionários que não podiam fornecer as informações necessárias.

Respostas.

Discussões de grupos de foco (FGD):

A discussão do grupo de foco inclui os representantes da comunidade, incluindo mulheres, idosos e jovens, utilizados para a discussão do grupo de foco. As discussões de grupo de foco foram realizadas com grupos separados de idosos, mulheres e jovens. Nesta discussão, foram levantadas e debatidas questões específicas relacionadas com o objetivo do estudo, utilizando uma lista de verificação

Inquérito aos informadores-chave (KII):

Para este estudo, foram realizadas entrevistas a informadores-chave com pessoas/locais que vivem na comunidade há muito tempo e estão familiarizados com a situação existente da produção de biogás, barreiras, perceção e utilização a nível local. Os informadores-chave incluíram peritos e técnicos regionais e distritais em energia, bem como agentes de desenvolvimento (consultores), funcionários distritais da agricultura e do desenvolvimento rural. Além disso, foram visitados diretamente os mercados locais disponíveis e as cooperativas do sector da bioenergia (caso existissem) nas áreas do estudo, para verificar as fontes de energia disponíveis, os factores de aceitabilidade e os obstáculos, bem como os respectivos preços de produção. Todas as actividades de recolha de dados, incluindo o inquérito por questionário aos agregados familiares, foram conduzidas pelo investigador e por enumeradores treinados e experientes que falavam a língua local (*Guragegna*) e estavam familiarizados com os costumes e tradições locais.

3.4 Métodos de análise de dados

Os dados recolhidos foram introduzidos no computador, clarificados, organizados e analisados com recurso aos programas informáticos Statistical Package for Social Science (SPSS) (versão 20.0) e STATA. Para este estudo, foram utilizadas estatísticas descritivas, análises económicas e econométricas para analisar os dados. Foram igualmente efectuadas análises descritivas para os dados qualitativos. Os dados recolhidos foram analisados utilizando o Qui-quadrado e a estatística descritiva. Para o terceiro objetivo, a identificação dos factores de adoção da tecnologia do biogás, foi utilizado o modelo de regressão logística para determinar os factores de probabilidade de adoção da tecnologia do biogás e as barreiras à participação na produção.

Especificação do modelo

Análise econométrica:

O modelo de regressão logística foi utilizado devido ao carácter ordenado das variáveis dependentes. Algumas variáveis dependentes policotómicas estavam naturalmente ordenadas. Apesar de o resultado ser discreto, os modelos logit ou probit ordenados não teriam em conta a natureza ordinal da variável dependente (Greene, 2008). Os modelos probit e de regressão logística ganharam aceitação como uma estrutura para analisar tais respostas (Zavoina e Mac Elvey, 1975). A regressão logística é um modelo de estimativa de probabilidade que é aplicado quando a variável dependente é binária e a variável independente tem uma escala arbitrária de medição (Leech et al., 2005).

Se Y for a variável dependente, pode ter o valor 1 ou 0.

Yi= 1ifa O agregado familiar i possui uma unidade de biogás

Yi= 0 caso contrário

O modelo de regressão logística múltipla é utilizado para analisar a relação entre uma variável dependente e uma ou mais variáveis independentes. ^{121122kk}A forma geral do modelo de regressão logística para a adoção é a seguinte: y= /(x , x , ..., xk) + e = x b +x b +...+x b ....+e1

^{1k}Em que y é a variável dependente ou explicada e x , ..., x são as variáveis independentes ou explicativas. e é o fator de confusão.

De acordo com Green (2003), o modelo de regressão linear múltipla é especificado da seguinte forma Y=f (preço, acesso à energia, produção, acesso ao biogás, informação sobre a produção, nível de educação, género, acesso ao crédito, idade, etc.).

A especificação do modelo econométrico da função de domesticação em notação matricial é estimada por:- Y = βX + -- e2

em que Y = os factores de domesticação do biogás

β = um vetor dos coeficientes estimados das variáveis explicativas

X= um vetor de variáveis explicativas e = fator de confusão

As características de pré-adoção acima mencionadas são principalmente características socioeconómicas das famílias que podem influenciar negativa ou positivamente a decisão de domesticar e adotar a energia do biogás. É essencial mencionar que existem vários factores que afectam a decisão das famílias de adotar o biogás, na sua maioria variáveis exógenas que não foram incluídas no modelo, uma vez que se assume que permanecem constantes tanto para os adoptantes como para os não adoptantes e para a domesticação.

Análise económica:

Alguns dos benefícios e custos das unidades de biogás não se limitam aos utilizadores. Se for instalado um grande número de unidades de biogás numa comunidade, os não utilizadores também beneficiam da prevenção da poluição e da conservação das florestas na região. Esses benefícios e custos, que também revertem para fora dos agregados familiares dos utilizadores, são objeto de uma análise económica e não de uma análise financeira. Uma única central de biogás não tem um impacto significativo no conjunto da economia. A análise económica mede o impacto do biogás nos objectivos fundamentais da economia no seu conjunto.

Cálculo do benefício económico

Com base no modelo RBM (Residential biogas model) utilizado por Feng (2009) na

$$IRR = i_1 + \frac{NPV_1 X}{NPV_1 + NPV_2}^{i2-i1}$$

China, os benefícios económicos e sociais do biogás são determinados na perspetiva das famílias. Utilizando os dados dos produtores hipotéticos de biogás e a situação atual do produtor através do seu estudo de custo-benefício, é utilizada a taxa interna de rentabilidade (TIR) para avaliar a eficiência do investimento do produtor de biogás.

A TIR é a taxa de desconto quando o valor atual líquido é igual a 0 ou o rácio benefício-custo é igual a 1; a TIR inclui também o custo de oportunidade do investimento. Se a TIR for igual à taxa de desconto do custo de oportunidade do capital, o produtor de biogás pode atingir o nível de lucro e o investimento pode ser realizado. Por conseguinte, a equação de cálculo da taxa de desconto do capital social é a seguinte

21122A TIR é a taxa interna de rendibilidade financeira; o VAL é o valor atual líquido e o VAL é o valor positivo mais baixo que está mais próximo de 0, o que corresponde a uma taxa de desconto inferior i ; o VAL é o valor negativo mais alto que está mais próximo de 0, o que corresponde a uma taxa de desconto superior i .

Cálculo das prestações sociais

Para este estudo, os custos de tempo-oportunidade das mulheres que utilizam bioenergia tradicional são utilizados como um indicador de benefício social.

$$SB = M \times WBop$$

SB é o benefício do biogás; M é a quantidade de bioenergia tradicional que pode ser substituída por biogás (kg HCU); WBop é o custo de oportunidade de tempo das mulheres que utilizam bioenergia tradicional.

$$WBOP = \frac{WOP \times TB}{E}$$

WOP é o custo de oportunidade de tempo das mulheres, E é o consumo médio de energia de um agregado familiar rural por dia (kcal/dia); TB é a despesa de tempo adicional incorrida quando as mulheres utilizam bioenergia tradicional (h/dia), incluindo o tempo de recolha de bioenergia e o tempo prolongado para cozinhar com bioenergia tradicional.

Alguns destes indicadores são medidos no presente estudo através de inquéritos aos agregados familiares e registos de produção. A medição dos impactos sociais e ambientais a este nível é difícil. Tal como referido na introdução, foram abordados os indicadores económicos do agregado familiar, como a poupança de despesas, a poupança de tempo, o aumento do rendimento das colheitas e a melhoria da saúde dos membros da família, bem como os factores determinantes e os obstáculos para os utilizadores de biogás na área de estudo.

Diagnóstico de dados

Se os pressupostos do modelo de regressão linear clássica (CLR) não forem cumpridos, as estimativas dos parâmetros do modelo OLS podem não ser o melhor estimador linear não enviesado (BLUE). Por conseguinte, é importante verificar a presença de multicolinearidade e heterocedasticidade entre as variáveis que afectam a domesticação da energia do biogás na área de estudo.

Teste de multicolinearidade

Como afirmou Gujarati (2003), a multicolinearidade refere-se a uma situação em que se torna difícil identificar o efeito separado das variáveis independentes na variável dependente, porque existe uma forte relação entre elas. Por outras palavras, a multicolinearidade é uma situação em que as variáveis explicativas estão altamente correlacionadas. Por isso, foram utilizadas duas medidas: o fator de inflação da variância (VIF) para as variáveis contínuas e o fator de contingência para as variáveis dependentes.

Coeficientes (CC) para variáveis fictícias. [2]Para reconhecer problemas de multicolinearidade em variáveis contínuas, o fator de inflação da variância (VIF) = 1/1-Rj é utilizado como uma estatística de diagnóstico para cada coeficiente numa regressão. Neste caso, Rj2 representa um coeficiente para determinar a regressão secundária ou auxiliar de cada variável contínua independente X. [2]Como regra geral, se o valor VIF de uma variável exceder 10, o que acontece quando Rj excede 0,90, essa variável é considerada altamente colinear (Gujarati, 2003). Por conseguinte, o fator de inflação da variância (VIF) foi utilizado neste estudo para estimar o grau de multicolinearidade entre as variáveis contínuas explicativas dos factores de produção do biogás, da domesticação e da função de adoção.

Teste de heteroscedasticidade

Há uma série de estatísticas de teste para a deteção de heterocedasticidade. Estas incluem o teste de Park, o teste de Breusch-Pagan-Godfrey, o teste de White e o teste de Koenker-Bassett (KB) para a heterocedasticidade. No entanto, de acordo com Gujarati (2003), não há razão para dizer que uma estatística de teste para heterocedasticidade é melhor do que as outras estatísticas de teste. Devido à sua simplicidade, o teste Breusch-Pagan-Godfrey de heterocedasticidade é utilizado neste estudo.

3.5 Definição de variáveis e hipóteses

Partiu-se do princípio de que as decisões dos agregados familiares sobre a domesticação e adoção da tecnologia do biogás resultam da interação de vários factores. Com base na revisão de vários estudos relacionados (Kabir et al., 2013; Qu et al., 2013), os principais factores determinantes que influenciam a domesticação e a adoção da tecnologia do biogás, tal como descritos na secção do quadro concetual, são 1) factores demográficos, 2) sociais, 3) económicos, 4) institucionais e 5) psicológicos. No entanto, a importância relativa de cada fator varia em função do contexto social, económico e ambiental específico (Bekele e Drake, 2003). Por conseguinte, a seleção de variáveis explicativas plausíveis teve em conta tanto a literatura relevante existente como as observações e experiências no terreno. Assim, as variáveis explicativas utilizadas e as hipóteses esperadas são enumeradas a seguir.

Variáveis dependentes

Participação na adoção da tecnologia do biogás (BTAP): é a variável dummy que representa a perceção da domesticação do biogás do agregado familiar nos distritos, que é regredida logisticamente. Assume o valor de um para os inquiridos que participaram na domesticação do biogás, enquanto assume o valor de zero para os inquiridos que não participaram na domesticação da tecnologia do biogás.

Variáveis independentes

A lista de variáveis independentes que se espera que influenciem a decisão dos agricultores de participar na adoção da tecnologia do biogás é apresentada no Quadro 2.

Quadro 2: Definição das variáveis e hipóteses

Variable	Type	description	Expected sign
Biogas technology adoption	**categorical**	**1 for adopting, and 0 otherwise**	±
Age of household head (AHHH)	Continuous	Age of the household head	±
Sex of household head (SHHH)	Categorical	Sex M= male, F= female	±
Education level (EL)	continuous	Years of school attended	+
Family size (FS)	continuous	Total number of persons per household	±
Number of cattle available (NCA)	Continuous	Total number of cattle per household	+
Total income (TI)	Continuous	Total annual income in ETB	+
Credit access (CA)	Categorical	1 for Credit taken, and 0 otherwise	+
Training (TRAINING)	Categorical	1 for trained and, 0 otherwise	+
Extension service (EXTS)	Categorical	1 for extension access and , 0 otherwise	+
Farm size of family (FSF)	Continuous	Total amount of land in hectares	+
Number of trees planted (ATP)	Continuous	Total number of trees planted per household	±
Distance to fuel wood source (DFWS)	continuous	Total distance In Kms and minutes	+
Distance to water source (DWS)	Continuous	Total distance to water source in Kms or minute	+
Distance to biogas market (DBM)	Continuous	Total distance to biogas market in Kms or minute	+
Availability of media (AM)	Categorical	1 for available and 0, otherwise	+
Access to local material (AM)	Categorical	1 for those gets, and 0, otherwise	+
Availability of electricity (AE)	Categorical	1 available, and 0 otherwise	+

Idade do agregado familiar: Os jovens chefes de família são provavelmente mais flexíveis e dispostos a aceitar novas tecnologias. Ao mesmo tempo, porém, têm provavelmente menos capital e um estatuto económico inferior ao dos chefes de família mais velhos (

Esperava-se, portanto, que a idade do chefe do agregado familiar tivesse uma influência positiva ou negativa na introdução da tecnologia do biogás.

Género: A utilização e gestão da energia doméstica na Etiópia é principalmente da responsabilidade das mulheres (SNV, 2008). No entanto, os homens controlam predominantemente os recursos do agregado familiar (Lim et al., 2007) e tomam frequentemente as decisões finais tanto a nível do agregado familiar como da comunidade na Etiópia (EREDPC e SNV, 2008). Por conseguinte, esperava-se que o género do chefe de família tivesse uma influência positiva ou negativa na adoção da tecnologia do biogás.

Nível de educação: Os chefes de família com um nível de educação mais elevado são menos conservadores, mais bem informados, mais conhecedores e prestam mais atenção ao ambiente (Walekhwa et al., 2009). Assume-se, portanto, que os chefes de família com um nível de educação mais elevado têm maior probabilidade de introduzir a tecnologia do biogás.

Dimensão do agregado familiar: Uma grande dimensão do agregado familiar pode significar que existe mão de obra suficiente para gerir e operar a tecnologia do biogás. Por conseguinte, presume-se que a dimensão do agregado familiar tem uma influência positiva ou negativa na adoção da tecnologia do biogás.

Número de cabeças de gado disponíveis: A principal matéria-prima para as unidades de produção de biogás na Etiópia é o estrume de gado. [3]O estrume animal é um fator de produção muito importante para a tecnologia do biogás, sendo que um digestor de biogás de 6 m requer cerca de 20 kg de estrume para produzir um volume suficiente de gás que pode ser utilizado para cozinhar diariamente alimentos e outros fins para consumo doméstico (SNV, 2008). Por conseguinte, um agregado familiar precisa de ter mais de 4 bovinos para instalar um digestor deste tipo. Por conseguinte, é de esperar que o número de cabeças de gado, expresso em equivalentes de vaca, tenha uma influência positiva na aceitação da tecnologia do biogás.

Rendimento do agregado familiar: A maior parte do custo total das unidades de biogás é coberta pelos agricultores, quer através das suas próprias fontes de rendimento, quer através de empréstimos. Por conseguinte, pode presumir-se que a probabilidade de domesticação e introdução da tecnologia do biogás aumenta com o rendimento do agregado familiar.

Acesso ao crédito: Como a tecnologia do biogás exige investimentos iniciais relativamente elevados, presume-se que o acesso ao crédito tem uma influência positiva na aceitação da tecnologia.

Tamanho da terra agrícola: Presume-se que os agregados familiares com maiores terras aráveis têm um melhor rendimento e um quintal maior para colocar as unidades de biogás, o digestor de biogás, o estábulo para o gado e o pomar e/ou a horta forrageira nas proximidades (Walekhwa et al., 2009). Presume-se, portanto, que têm uma influência positiva na introdução da tecnologia do biogás.

Número de árvores plantadas: Presume-se que este fator tem uma influência positiva ou negativa na aceitação da tecnologia do biogás. Um maior número de árvores plantadas pode significar que há menos problemas com o fornecimento de energia às famílias e, portanto, menos motivação para utilizar e adotar a tecnologia do biogás. No entanto, a introdução da tecnologia tem a ver com a obtenção de uma fonte de energia limpa e moderna.

Serviços de extensão (EXTS): Como as visitas de extensão são cruciais para a difusão e a adoção da tecnologia do biogás, espera-se que esta variável explicativa influencie positiva ou negativamente a participação e a adoção pelos agricultores.

Distância para as fontes de lenha: O custo de oportunidade da recolha de lenha aumenta com o aumento da distância às fontes (Guta, 2014). Por conseguinte, espera-se que a distância até à principal fonte de lenha tenha uma influência positiva na domesticação e adoção da tecnologia do biogás.

Distância das fontes de água: Para a alimentação diária com a tecnologia do biogás, a fonte de água deve estar a uma distância de 20 a 30 minutos a pé da casa (Eshete et al., 2006; SNV, 2008). Por conseguinte, espera-se que a distância até à fonte de água tenha uma influência negativa na adoção da tecnologia do biogás.

Distância do mercado: Prevê-se que a distância do mercado tenha um impacto negativo na adoção da tecnologia do biogás. Um mercado mais próximo deverá ajudar os agricultores a obter facilmente peças sobressalentes e aumentar as suas interacções sociais e o intercâmbio de informações.

Formação (TRAINING): A formação é importante para que as famílias actualizem os seus conhecimentos sobre a utilização e construção da tecnologia do biogás. Espera-se que influencie a decisão das famílias de adotar a tecnologia do biogás e que seja uma variável explicativa no modelo logístico.

Meios de comunicação electrónicos: Uma vez que as famílias da área de estudo têm acesso à informação através dos meios de comunicação social, especialmente a Debub FM 100.9 e a Agência de Notícias da Etiópia, a posse de meios de comunicação electrónicos, nomeadamente rádio e televisão, aumenta a sensibilização e a compreensão dos agricultores para os benefícios da tecnologia do biogás para posterior domesticação. Pode, portanto, presumir-se que isto tem uma influência positiva nas decisões das famílias sobre a domesticação e a adoção da tecnologia do biogás.

Acesso a material local: Esperava-se que o acesso a serviços técnicos tivesse uma influência positiva na aceitação.

Disponibilidade de eletricidade: Uma vez que o estudo incluiu os utilizadores urbanos e peri-urbanos de biogás nas proximidades do distrito, espera-se que a disponibilidade de eletricidade tenha um impacto negativo na domesticação e adoção da tecnologia do biogás.

CAPÍTULO 4 RESULTADOS E DISCUSSÃO

Nesta secção, são apresentados e discutidos os efeitos socioeconómicos do biogás. Em primeiro lugar, é apresentada a situação socioeconómica dos agregados familiares dos utilizadores e não utilizadores de biogás, seguida de uma subsecção em que são apresentadas as características socioeconómicas dos utilizadores e não utilizadores de biogás.

4.1. Características socioeconómicas dos agregados familiares dos utilizadores de biogás

O resultado do Quadro 3 mostra as características demográficas dos agregados familiares em relação às variáveis contínuas. No que diz respeito à idade dos chefes dos agregados familiares, o resultado mostra que a idade média dos agregados familiares masculinos e femininos é de 32 e 29 anos, respetivamente. Isto significa que os agregados familiares nos distritos estão na categoria de idade ativa.

Quadro 3: Características sócio-demográficas dos utilizadores de biogás (variáveis contínuas)

Variables	sex	Minimum	Maximum	Mean	St. Dev	t-value
Age	F	18	60	29.13	1.80	1.36
	M	15	55	32.59	1.43	
Family size	F	3	13	6.20	1.34	0.89
	M	2	10	3.46	1.01	
Education	F	0	10	4	0.65	5.70**
	M	0	12	7	0.8	

***P<0.01 across the rows*

O nível educacional dos agregados familiares situa-se entre 0 e 10 para as mulheres, com um grau médio de 4, enquanto para os homens se situa entre 0 e 12, com um grau médio de 7. Os agregados familiares com chefes de família do sexo masculino instruídos são melhores adoptantes de tecnologia do que os agregados familiares com chefes de família do sexo feminino. Registou-se uma variação a um nível de significância de 0,01 por cento. Esta variação deve-se ao facto de mais famílias educarem os seus filhos homens do que as suas filhas mulheres e de as mulheres se concentrarem mais no trabalho orientado para o negócio do que na educação.

Quadro 4: Características sócio-demográficas dos utilizadores e não utilizadores de biogás

Variables	sex	Minimum	Maximum	Mean	St. Dev	X^2
Family size	F	1	13	4	1.06	11.340
	M	2	12	5	1.32	
Education	F	0	8	4	2.65	0.19**
	M	0	12	5	0.03	

*P<0.05, across rows

O nível de instrução do chefe de família nos dois grupos (utilizadores e não utilizadores) mostra uma diferença significativa a um nível de significância de 0,05 por cento. Esta diferença deve-se ao facto de os utilizadores de biogás serem mais instruídos do que os não utilizadores e de terem recebido a informação através de formação.

Table 5: Estado civil dos utilizadores e não utilizadores de biogás

		Household status		
		Non-user	users	Total
Marital status	Single	39	41	80
	Married	56	57	113
	Divorced	26	24	50
	Widowed	8	13	21
	Total	128	134	264

Em termos de estado civil, mais crianças adoptivas e não adoptivas inquiridas são casadas (81%), mas não há diferença estatística entre famílias adoptivas e não adoptivas.

4.1.1 Perfil da produção animal

Os agregados familiares da amostra possuíam diferentes tipos de gado: bovinos, ovinos, caprinos, burros, cavalos, mulas, porcos, galinhas e colmeias. O número total de bovinos (em vacas equivalentes), ovinos, caprinos, equinos, muares, suínos, galinhas e colmeias dos agregados familiares da amostra era de 2997, 2827, 364, 450, 24, 52, 11, 4170 e 563, respetivamente. A dimensão média do efetivo pecuário dos agregados familiares da amostra, em vacas equivalentes, era de 5,9. A média de vacas equivalentes dos agregados familiares que utilizam biogás e dos que não utilizam biogás era de 7,1 e 6,7, pela mesma ordem. Registaram-se diferenças significativas ($P<0,01$) na dimensão média das vacas entre os agregados familiares que utilizam biogás e os que não utilizam biogás, e entre os agregados familiares que utilizam biogás e os que não utilizam biogás.

5.1.2 Dimensão das terras agrícolas

A dimensão média da superfície agrícola utilizada dos agregados familiares da amostra era de 0,6 ha. Isto é ligeiramente mais do que o valor nacional, que é de 0,1. Enquanto a área per capita da população da amostra era de 0,15 ha, era de 0,11 ha a nível nacional (FDRE, 2005).

5.1.3 Experiência na produção de biogás

Table 6. Proporção de utilizadores de biogás em termos da sua experiência

years of experience in using biogas	Frequency	%	Cumulative
2-5	28	56	56
6-9	12	24	80
10-13	6	12	92
14-17	4	8	100

Fonte: Dados do inquérito

O resultado do quadro mostra a experiência dos utilizadores de biogás inquiridos, sendo a experiência média de 3 anos. Mais de metade (56%) tem apenas dois a cinco anos de experiência. Isto deve-se ao facto de os utilizadores de biogás estarem a transferir a sua utilização da tecnologia do biogás e a domesticação do negócio para outros grandes investimentos comerciais cuja base e capital inicial são poupados dos lucros anuais dos custos da energia.

6.1.4. Fonte de subsistência e nível de rendimento dos agricultores

A maioria dos agricultores na área de estudo gera todo o seu rendimento exclusivamente da agricultura, com predominância do cultivo. De acordo com os resultados apresentados no quadro, 84 ou 90 por cento dos agregados familiares da amostra geram o seu rendimento anual total a partir de actividades agrícolas, com predominância do cultivo. Mais agricultores integram o comércio e outras actividades económicas nas suas actividades agrícolas.

Table 7. Proporção de agregados familiares da amostra no que respeita às estratégias de subsistência

variables	Item	Household status		Total	X^2
		Users	Non-users		
Main livelihood activities	Crop Farming	94	110	104	5.21*
	Livestock rearing	28	24	52	
	Biogas use	6	0	6	

P<0,05 em todas as linhas, as normas * para 1% significativo, ** e * para 5% e 10%, respetivamente*

O rendimento anual da produção e utilização de biogás não pode ser subestimado e não pode ser considerado um meio de subsistência. A maioria dos agricultores declarou não ter uma intenção clara quanto à utilização do biogás. No entanto, os números apresentados no Quadro 8 podem demonstrar a contribuição do subsector para a melhoria das condições de vida das populações rurais pobres, tendo em conta os baixos investimentos financeiros e laborais.

Quadro 8: Percentagem do rendimento da produção agrícola

variables	Item	Household status		X^2
		users	Non users	
Mean monthly Income	Farming	1100	656	0.719*
	Biogas use	350	90	3.860*
	Off-farm	410	145	2.765
	Non-farm	400	570	

**P<0,05 em todas as linhas, as normas ***para 1% significativo, ** e * para 5% e 10%, respetivamente*

O rendimento anual da maioria dos agregados familiares que utilizam a tecnologia do biogás é superior ao dos não utilizadores, que é de apenas 90. Isto deve-se ao facto de os utilizadores de biogás utilizarem os produtos do biogás para a produtividade dos seus campos e obterem mais rendimento com menos investimento inicial, enquanto os não utilizadores têm custos elevados com fertilizantes e outros insumos agrícolas. Utilizam menos estrume de vaca do que os agregados familiares utilizadores. Esta diferença pode dever-se ao facto de os custos diários da parafina terem sido muito reduzidos, de os utilizadores de biogás serem mais empreendedores e de estarem mais envolvidos em actividades agrícolas que utilizam os produtos do chorume do biogás como fertilizantes do que as famílias que não utilizam biogás.

Quadro 9: Avaliação do serviço de crédito com base em critérios de avaliação seleccionados (utilizadores e adoptantes).

		Household status			
Evaluated Variable	Item	Adopters	Non-adopters	Total	x^2-test
Credit availability limited?	Agree	78	70	148	3.3344
	Disagree	56	40	96	
Limited Credit timeliness	Agree	76	69	145	1.74496
	disagree	58	41	99	
Limited Repayment luration	Agree	82	77	159	2.9530
	disagree	42	33	75	
Low Credit relevance	Agree	100	78	178	2.6190*
	disagree	24	32	56	
Credit adequacy	Agree	55	55	110	4.6
	disagree	69	65	134	
Limited supply	Agree	90	100	190	2.445
	disagree	34	10	44	

A maioria dos proponentes da tecnologia do biogás indicou que a tecnologia é boa, mas a disponibilidade de crédito e a relevância são limitadas, pelo que adoptaram a tecnologia, mas ainda não iniciaram a utilização contínua e a domesticação do biogás no que diz respeito aos utilizadores. Os que adoptaram a tecnologia do biogás (e conhecem a utilização do biogás) mas ainda não iniciaram o negócio são 86% seguidores da religião muçulmana. Estão conscientes dos benefícios do biogás, mas rejeitam a política de empréstimos.

4.2 Análise económica

4.2.1 Estimativa do impacto da tecnologia do biogás no rendimento dos agregados familiares e dos municípios

O resultado da estimativa (a estimativa aproximada dos agricultores para cada impacto) fornece provas de um impacto estatisticamente significativo da tecnologia do biogás no rendimento do agregado familiar. Esta diferença pode dever-se a várias actividades económicas que são direta e indiretamente afectadas pela tecnologia do biogás. Como explicado na parte descritiva, a tecnologia tem um impacto direto no consumo doméstico de combustível, reduzindo o custo da parafina, dos fertilizantes químicos e da saúde, e aumentando a produtividade devido à utilização de chorume de biogás e ao tempo adicional poupado a cozinhar e a recolher lenha.

Figura 3: Preparação do estrume para injeção de biogás e preparação da entrada

Após a correção das diferenças na estrutura demográfica, localização, terra arável e gado dos agregados familiares utilizadores e não utilizadores antes da intervenção, verificou-se que a tecnologia aumentou o rendimento líquido dos agregados familiares participantes em 3340 ETB em média. Isto mostra que a utilização do biogás aumentou o rendimento líquido dos agregados familiares participantes em 31 por cento.

1. **Estimativa do impacto na poupança de tempo no trabalho**

Nesta secção, são apresentados os efeitos da tecnologia do biogás na poupança de tempo de trabalho que, de outro modo, seria utilizado para cozinhar e recolher lenha.

a) Estimativa dos efeitos no tempo de cozedura

O tempo de cozedura é relativamente mais elevado para os agregados familiares não utilizadores do que para os utilizadores. Os agregados familiares utilizadores poupam quase 56% do seu tempo de trabalho e o biogás é mais rápido e mais conveniente para cozinhar do que a biomassa. Além disso, o biogás não faz fumo e não exige atenção constante durante a cozedura. As mulheres podem, portanto, realizar outras actividades ao mesmo tempo. Este resultado está de acordo com o estudo realizado na Tanzânia, que mostrou uma economia de tempo de 5 horas por dia ao cozinhar e recolher lenha (Rutamu, 1999).

b) Estimativa do impacto na poupança de tempo na recolha de lenha

As mulheres e as crianças da área de estudo têm de carregar o fardo da recolha de lenha. Por exemplo, uma mulher pode transportar uma carga de 10-20 kg numa distância de 2 km, e a tecnologia reduz em 67% o tempo gasto na recolha de lenha no agregado familiar. Com base no modelo hipotético de dados de resposta dos utilizadores de biogás e tendo em conta os factores de confusão observáveis, utilizando a abordagem Rosenbaum Bounds (2002), que permite ao analista determinar em que medida uma variável de confusão não medida pode influenciar a escolha do tratamento, foi demonstrado um efeito estatisticamente significativo do biogás no tempo de recolha de combustível poupado entre agregados familiares utilizadores e não utilizadores.

2. Efeitos da tecnologia do biogás na melhoria e manutenção da fertilidade do solo

A utilização da tecnologia do biogás tem benefícios directos e indirectos para melhorar a fertilidade do solo. 95% dos inquiridos acreditam que a utilização de chorume biológico como fertilizante orgânico melhora diretamente a fertilidade do solo, enriquecendo os nutrientes e melhorando as propriedades físicas. Dependendo da dimensão do digestor, uma unidade de biogás que funcione corretamente pode produzir uma média de 2 a 2,5 toneladas de chorume sólido por ano, o que dá uma média global de 2 toneladas (CSA, 2006). Por conseguinte, a quantidade de fertilizante azotado que pode ser obtida a partir de um digestor de biogás que funcione corretamente excede a quantidade média de azoto obtida a partir de 100 kg de DAP e 100 kg de ureia comprados por um agregado familiar de uma amostra de um utilizador de biogás em 2016 como média de produção. O nutriente fósforo representa também mais de 90 % do fertilizante adquirido no ano de produção especificado. O principal problema da utilização de chorume orgânico pode ser a questão da aplicação da dose necessária dos vários nutrientes. Em comparação com o estrume fresco, o chorume orgânico fornece nutrientes para as plantas mais facilmente disponíveis (Prakash e Ghimire, 2005).

Em particular, os nutrientes azotados no chorume orgânico têm um efeito fertilizante mais rápido e imediato do que os do estrume fresco (ESCAP, 2007; EREDPC e SNV, 2008; Bonten et al., 2014). O chorume orgânico contém micronutrientes e nutrientes importantes para o crescimento das plantas (Barbosa et al., 2014). Também cria um ambiente favorável para os microrganismos do solo, que são importantes para a conversão dos nutrientes do solo em formas utilizáveis pelas plantas (ESCAP, 2007). A substituição dos combustíveis tradicionais de biomassa pela energia do biogás minimiza indiretamente o esgotamento da biomassa lenhosa e a eliminação de estrume e resíduos de culturas para combustível. Como explicado em Amigun et al. (2012), o solo não está exposto à erosão, inundações e evaporação elevada. Para além disso, o estrume e os resíduos de culturas podem ser utilizados como fertilizante orgânico e/ou alimentação animal. Uma vez que existem poucas alternativas energéticas, a escassez de lenha conduz inevitavelmente a uma dependência crescente de combustíveis de biomassa de baixa qualidade - o estrume e os resíduos de culturas que, de outro modo, seriam utilizados como fertilizantes orgânicos, são utilizados como fonte de energia (EREDPC e SNV, 2008). A substituição total ou parcial de vários combustíveis de biomassa pela energia do biogás reduz assim indiretamente a degradação do solo através da redução da recolha de combustíveis de madeira e da utilização de estrume e resíduos de culturas como combustível.

. Efeitos da tecnologia do biogás na saúde

Uma grande preocupação de saúde para a população rural, especialmente para as donas de casa, é a poluição do ar em recintos fechados devido à exposição ao fumo que arde na cozinha. 57% dos inquiridos concordam que cozinhar com biomassa e a má qualidade do ar interior são os principais factores de risco de infecções respiratórias agudas, especialmente para as donas de casa e as crianças. A lenha é a principal fonte de energia para cozinhar e assar nos distritos meskan e representa 91% do abastecimento total de combustível. Praticamente todos os agregados familiares cozinham e assam em lareiras abertas.

Como o biogás é isento de fumo, reduz a poluição do fumo e, por conseguinte, melhora significativamente o ar na cozinha, o que, em última análise, melhora a saúde, reduzindo a irritação e as infecções oculares, as doenças respiratórias, a tosse, as tonturas e as dores de cabeça.

Utilização de chorume de biogás como fertilizante orgânico

A degradação do ambiente rural e do ecossistema tornou-se um problema global e é causada principalmente pela utilização excessiva das terras e das florestas e pelo uso excessivo de fertilizantes químicos e pesticidas. A maioria (92%) dos agregados familiares inquiridos na região de Meskan acredita que as unidades de biogás aumentarão a disponibilidade, a utilização e os benefícios dos fertilizantes naturais. Em primeiro lugar, a recolha de estrume animal aumentará (mesmo que o gado pasta livremente) para produzir a quantidade de estrume necessária para alimentar as culturas. Em segundo lugar, a qualidade do fertilizante natural melhorará, uma vez que o composto de estrume orgânico aumentará significativamente o rendimento das culturas. Embora 95% dos inquiridos utilizem estrume orgânico como fertilizante, alguns agricultores que utilizam biogás não sabem como utilizar o estrume, e algumas famílias que utilizam o estrume nas suas terras agrícolas salientaram que já não utilizam fertilizantes químicos.

Nem todos os utilizadores de biogás utilizam o chorume orgânico como fertilizante orgânico. A maioria (86%) dos utilizadores não segue rigorosamente os procedimentos necessários para manter as propriedades fertilizantes do estrume durante a armazenagem. Este resultado é coerente com o estudo efectuado no Nepal, onde a percentagem foi de 67% (Prakash e Ghimire, 2005). Para garantir o armazenamento e a utilização adequados do chorume biológico, todos os utilizadores de biogás necessitam de formação adequada e de demonstrações práticas.

Análise financeira de uma unidade de biogás

Ao calcular os custos e benefícios financeiros de uma unidade de biogás no distrito de Meskan, o investigador partiu do princípio de que uma unidade é economicamente viável se o valor atual líquido (VAL) for positivo, a taxa interna de rentabilidade (TIR) for superior a 20% e o período de recuperação for inferior a 7 anos (Governo da Geórgia, 2003*)*. Os parâmetros mais importantes que devem ser considerados para a viabilidade financeira das unidades de biogás são

a) Vida útil da unidade de biogás

Uma unidade estacionária de biogás pode durar mais de 40 anos, dependendo da qualidade da construção e dos materiais utilizados. No entanto, assume-se que a vida económica de uma instalação é de 20 anos, principalmente porque quaisquer custos ou benefícios acrescentados após 20 anos são insignificantes quando descontados para o valor atual.

b) Benefícios e custos

Todos os benefícios de uma unidade de biogás não podem ser facilmente quantificados ou mesmo comparados com o preço de produtos ou serviços semelhantes no mercado. Isto significa que, mesmo que a análise financeira mostre um benefício líquido de zero para a construção de uma central de biogás, este deve ser interpretado como um benefício líquido positivo devido aos factores não avaliados. As unidades de biogás produzem tanto biogás como fertilizante orgânico. O biogás pode ser utilizado principalmente em vez de lenha, carvão vegetal, parafina, etc., enquanto o fertilizante orgânico melhora o rendimento das culturas e pode, por conseguinte, ser utilizado em vez de fertilizantes químicos. Por conseguinte, é possível determinar e avaliar o benefício financeiro direto anual das unidades de produção de biogás. Se for instalado um grande número de unidades de biogás numa comunidade, os não utilizadores beneficiarão também da prevenção da poluição e da preservação das zonas florestais. Esses benefícios e custos, que também se acumulam fora dos agregados familiares dos utilizadores, são objeto de uma análise económica e não de uma análise financeira.

Quadro 10: Análise financeira de uma central de biogás (em Birr) para 11 agregados familiares (2016 funcional).

Year	1	2	3	4	5 to 11
Benefits /indirect price in birr/					
Saving Charcoal	5,000	5,000	5,000	5,000	5,000
Saving Firewood	7,000	7,000	7,000	7,000	7,000
Saving kerosene	7,000	7,000	7,000	7,000	7,000
Saving Electricity	3000	3000	3000	3000	3000
Selling organic fertilizer	2000	2000	2000	2000	2000
Total	***24000***	***24000***	***24000***	***24000***	***24000***
Costs in birr					
Investment	12960				
Maintenance	2500	2500	2500	2500	2500
Operation cost	9520	9520	9520	9520	9520
Total	***24980***	***12020***	***12020***	***12020***	***12020***
Net benefit in ETB	**-980**	**11980**	**11980**	**11980**	**11980**
Simple payback period= 12960/11980= 1.8years					

Fonte: cálculos próprios

O período de amortização simples mostra que as famílias que utilizam e investem no biogás recuperam o capital para a construção da unidade de biogás em menos de 2 anos. Isto mostra que a utilização da tecnologia do biogás contribui significativamente para melhorar as condições de vida das populações rurais pobres e que o negócio é rentável se o capital inicial (crédito) e a formação estiverem disponíveis.

4.2.2 Custos e rentabilidade da produção de unidades de biogás no distrito

A componente de custo da produção de biogás nas aldeias está principalmente relacionada com os custos de produção e manutenção. A rentabilidade do negócio do biogás é avaliada aqui através da análise dos custos e receitas de produtores-modelo hipotéticos seleccionados que possuem e utilizam a sua unidade de biogás para viver, e os dados referem-se a um período de produção de um ano

Table 11: Custos e benefícios do biogás para um período de 10 anos com um desconto de 4% (ETB/ano)

Cost and benefits	Amount
Total costs	**12960**
Biogas plant digester	4260
Facility for plant	5700
Water cost	500
Maintenance	2500
Total economic benefits	**18700**
Biogas value	12100
Biogas production for household	1500
Biogas for fire wood replacement	2700
Slurry value	2400
Net present value	**3340**
Internal rate of return (IRR)	1.5

Fonte: Inquérito de 2017, cálculo

O resultado do quadro mostra que o lucro líquido de 12960 ETB iniciais conduz a 3340 lucros líquidos na ronda. A análise de rentabilidade da tabela acima prova que o subsector é rentável e tem um custo de investimento inicial lucrativo e requer menos capital e insumos, que são os principais constrangimentos na maioria das decisões de investimento da comunidade rural.

Deste ponto de vista, a avaliação dos benefícios sociais baseou-se também no cálculo dos custos de oportunidade das mulheres. Foi pedido às donas de casa rurais que gastassem o seu tempo não só em actividades económicas domésticas, mas também em tarefas domésticas, incluindo cozinhar, recolher estrume, lenha e resíduos, etc. Os resultados do questionário mostram que as donas de casa gastam 2 horas na recolha de bioenergia e outras 3 horas a cozinhar com bioenergia tradicional. Durante o inquérito, verificámos que as donas de casa trabalham 5 horas por dia e por ano.

Table 12: Benefícios sociais do biogás

Type	Amount
Women's contribution to household's income (Birr/year)	8900
Women's time opportunity cost for what? (Birr/year)	2.8 hour
Women's opportunity cost for fuel wood (Birr/year)	0.5hour
Women's opportunity cost for fuel wood collection per year (Birr/year)	4560

Source; survey 2017 computation

O Quadro 12 mostra os custos de oportunidade para as mulheres da utilização da energia do biogás em comparação com os da bioenergia tradicional. Os custos de oportunidade anuais da bioenergia tradicional para as mulheres representam 51% da contribuição das mulheres para o rendimento do agregado familiar. O aumento do rendimento do agregado familiar também aumenta os custos de oportunidade das mulheres, e os benefícios sociais são ainda maiores. Além disso, as mulheres e as crianças têm mais tempo para o lazer e outras actividades quando a bioenergia tradicional é substituída pelo biogás. E o biogás é bom para a saúde das famílias, pois reduz a poluição do ar interior. A utilização da tecnologia do biogás ajuda as mulheres a reduzir a sua carga de trabalho, uma vez que gastam menos tempo em várias actividades domésticas, e os homens estão mais envolvidos nas actividades domésticas através da sensibilização, criação de emprego e formação.

Table 13: Utilização da estrutura energética e sua distribuição entre utilizadores e não utilizadores de biogás (%)

Application	Cooking food		Heating water		Lighting		Electrics /charging		Agricultural machinery	
	Users	*Non-users*	*Users*	*Non-users*	*Users*	*Non-users*	*Users*	*Non-users*	*Users*	*Non-users*
Dung	67	38	10	5	15	5	4	0	28	0
firewood	62	**90**	89	89	6	**2**	87	11	78	5
Biogas	**78**	0	**54**	0	18	0	11	0	17	0
Solar	0	0	0	0	10	0	23	24	0	0
Residues	66	70	54	87	5	1	0	0	19	20
Charcoal	13	10	23	18	0	0	0	0	0	0
Kerosene	5	4	0	0	37	80	0	0	0	0

Source: survey data

O quadro acima mostra que aproximadamente (78%) e (18%) dos utilizadores de biogás utilizaram a energia do biogás para cozinhar e para iluminação, respetivamente, enquanto (90%) e (75%) dos não utilizadores utilizaram lenha e parafina para estes fins.

No distrito de Meskan, a energia necessária aos agregados familiares é utilizada para cozinhar alimentos e cozer injera, um pão achatado fermentado tradicional com um sabor azedo. A injera é cozida em grandes quantidades num prato de barro coberto com uma tampa feita de palha e estrume de vaca seco. O processo de cozedura é muito ineficaz e consome uma grande quantidade de lenha. O resto da energia consumida é utilizada para cozinhar outros alimentos e para a iluminação.

Quadro 14: Estrutura dos custos de investimento e análise da rendibilidade dos agregados familiares na área de estudo.

Description	**Cost (ETB)**
Cement	2000
Sand & gravel	1200
Stone	900
Piping and fittings	1360
Construction cost	3000
labor	2000
Maintenance	2500
Total costs to farmer	**12960**

Fonte: Dados regionais para o ano do inquérito, 2017

[33]Em plena capacidade, uma central de biogás tem o potencial de substituir até 3000 kg ou 3710 kg de lenha por ano para uma central de 4 m ou 6 m. [33]Até 6150 kg ou 7110 kg de estrume podem ser poupados por ano com uma central de biogás de 4 m ou 6 m (Prakash e Ghimire, 2005).

Dado o consumo médio de fontes de energia nos agregados familiares inquiridos, o biogás tem potencial para substituir 100% do consumo de lenha e estrume nos agregados familiares rurais, mesmo para cozer injera. A análise custo-benefício foi segmentada em três cenários: Os que compram e tentam substituir as fontes de energia, os que recolhem lenha e os que utilizam o estrume de vaca como suplemento energético. Para os agregados familiares que investem em biogás para substituir a lenha comprada e recolhida, e para os agregados familiares que utilizam o estrume como fonte de energia para além da lenha recolhida, a fim de captar os benefícios para os diferentes tipos de agregados familiares em termos de gestão da energia. Nos três cenários, partiu-se do princípio de que o estrume e o chorume seriam utilizados como fertilizantes. Neste contexto, os grupos de discussão apelaram ao governo para que fornecesse e/ou disponibilizasse areia para construção a preços razoáveis. Do mesmo modo, os informadores-chave sublinharam a necessidade de resolver o problema do fornecimento de areia, facilitando um acordo contratual entre os proprietários de veículos e o grupo de potenciais utilizadores.

Tabela 15: Sequências de utilização de energia dos agregados familiares rurais no distrito

	Ranking					
Utilization	Dung	firewood	Biogas	Solar	Residues	Electricity
Heating water	2	2	2	2	2	4
Cooking food	1	1	1	x	1	3
Lighting	x	3	5	1	3	1
Electrics /charging	x	x	3	3	x	2
Agricultural machinery	x	4	4	x	x	x

Fonte: Inquérito de 2017, cálculo

=X As fontes de energia não utilizadas no distrito

Como mostra o Quadro 15, os combustíveis tradicionais de biomassa continuam a ser as fontes de energia mais importantes para os agregados familiares no Condado de Meskan. Os combustíveis tradicionais de biomassa representaram a maioria do consumo total de energia dos agregados familiares. Curiosamente, porém, entre as fontes de energia modernas utilizadas nas zonas de estudo, o consumo de energia do biogás tornou-se o que mais contribui para o cabaz energético total dos agregados familiares. O seu consumo excede o consumo combinado de parafina e eletricidade. O biogás é utilizado para todas as necessidades energéticas domésticas, seguido da eletricidade e da lenha. Em termos relativos, o estrume só é utilizado para cozinhar e ferver água, a menos que seja processado num digestor de biogás e seja responsável por uma elevada proporção das emissões de energia do biogás. Por conseguinte, o estrume é relativamente insignificante e contribui com cerca de 11% para o abastecimento de energia (Mekonin, 2009).

Resultados econométricos

Na secção anterior, foi discutido o impacto do biogás nos agregados familiares utilizadores. O principal objetivo desta secção é determinar se o impacto do biogás difere entre agregados familiares. Para atingir este objetivo, este modelo de regressão foi utilizado para estimar o impacto de cada variável antes da intervenção. Uma vez que foram utilizadas as mesmas variáveis explicativas pré-intervenção, não é necessário testar novamente este modelo para detetar a presença de um forte problema de multicolinearidade.

Durante a análise, procurou-se determinar se havia heterogeneidade no grau de eficácia entre os participantes devido às suas próprias características ou a outras características.

O resultado mostrou que sete variáveis explicativas incluídas no modelo influenciaram a variável dependente. Os resultados da regressão estimada indicam que o impacto da tecnologia nos agregados familiares tratados não foi uniforme. Das 17 variáveis incluídas no modelo, oito (8) tiveram um efeito significativo na produção e domesticação de biogás nos distritos. Estas foram o género do chefe do agregado familiar (0,05%), o nível de educação do chefe do agregado familiar (0,05%), o número de cabeças de gado (0,05%), a fonte de água (0,01%), o nível de rendimento do agregado familiar (0,01%), a disponibilidade de crédito (0,05%), os serviços de extensão (0,01) e a educação (0,01%).

Quadro 17: Resultados logit para os agregados familiares que utilizam a tecnologia do biogás

Variables	Coeff	Std. Err	z-test
Constant	0.97	1.53	0.57
Age of householc head (AHHH)	0.056	0.16	0.35
Sex of household head (SHHH)	0.99	0.54	1.83*
Education level (EL)	2.48	0.87	2.85*
Family size (FS)	0.65	0.43	1.51
Number of cattle available (NCA)	0.67	0.32	2.09**
Total income (TI)	0.69	0.28	2.46*
Credit access (CA)	0.98	0.089	11.01**
Training (TRAINING)	0.56	0.75	0.75*
Extension service (EXTS)	0.97	0.98	0.99*
Farm size of family (FSF)	0.42	0.22	1.90
Number of trees planted (ATP)	0.03	0.01	0.3
Distance to fuel wood source (DFWS)	0.54	0.65	0.83
Distance to water source (DWS)	0.01	0.03	0.03*
Distance to biogas market (DBM)	0.97	0.87	1.11
Availability of media (AM)	0.96	0.66	1.46
Access to local material	0.42	0.90	0.46
Availability of electricity (AE)	0.03	0.06	0.5

** e *, nível de significância a 1% e 5%, respetivamente, N=362, desvio-padrão=8,29, parâmetro de dimensão do modelo=16, R-quadrado=.7559, R-quadrado ajustado=73 (prob) =.0000, log likelihood=-368,1751, restrito (b=0) =-453,535, correlação da perturbação na regressão (Rho) = 0,029, nível de significância=0,0000 Fonte: Cálculo próprio a partir dos resultados do inquérito, 2017

Género do chefe do agregado familiar: A utilização e gestão da energia doméstica na Etiópia é principalmente da responsabilidade das mulheres (SNV, 2008). No entanto, os homens controlam predominantemente os recursos do agregado familiar (Lim et al., 2007) e tomam frequentemente as decisões finais tanto a nível do agregado familiar como da comunidade na Etiópia (EREDPC e SNV, 2008). Assim, verificou-se que o sexo do chefe do agregado familiar tem uma influência positiva na adoção da tecnologia do biogás a um nível significativo de 0,01. Isto pode dever-se ao facto de que quanto mais as mulheres são informadas sobre a tendência da produção de biogás, mais adoptam e começam a utilizar a tecnologia, uma vez que o risco as afecta.

Nível de educação: Esperava-se que os chefes de família com um nível de educação mais elevado fossem menos conservadores, mais bem informados, mais conhecedores e mais vigilantes em relação ao ambiente (Walekhwa et al., 2009). Assim, os chefes de família que completaram um número mais elevado de anos de escolaridade tiveram uma influência positiva na adoção da tecnologia do biogás a um nível significativo de 0,01. Isto pode dever-se ao facto de as famílias instruídas terem uma taxa de sensibilização mais elevada do que as não instruídas e serem mais propensas a praticar a tecnologia do que as que a desconhecem.

Número de cabeças de gado disponíveis: Esperava-se que o principal fator de produção das unidades de biogás na Etiópia fosse o estrume de gado e que o número de cabeças de gado, expresso em equivalente-vaca, tivesse uma influência positiva na adoção da tecnologia do biogás, tendo-se verificado que tinha uma influência positiva na adoção da tecnologia do biogás a um nível significativo de 0,05. Isto pode dever-se ao facto de os agricultores com um elevado número de cabeças de gado receberem uma maior quantidade de estrume animal, o que os incentiva a utilizá-lo para a produção de biogás e de chorume, o que, por sua vez, tem um efeito positivo na produção de biogás.

Rendimento do agregado familiar: Esperava-se que os agricultores cobrissem a maior parte do custo total das unidades de biogás, quer através das suas próprias fontes de rendimento, quer através de empréstimos. Por conseguinte, presume-se que a probabilidade de domesticação e adoção da tecnologia do biogás aumenta com o rendimento do agregado familiar. O resultado mostra que o rendimento do agregado familiar tem uma influência significativa na domesticação do biogás a um nível de significância de 0,01%. Isto pode dever-se ao facto de os agricultores que dispõem de um rendimento para a produção e construção de uma unidade de biogás terem maior probabilidade de iniciar a sua própria produção de biogás sem esperar por um empréstimo, adoptando assim rapidamente uma tecnologia.

Acesso ao crédito: Partiu-se da hipótese de que, para uma tecnologia de biogás que requer um investimento inicial relativamente elevado, o acesso ao crédito tem um impacto positivo na adoção da tecnologia. E o resultado mostra que tem um efeito significativo na produção de biogás e na domesticação doméstica a 0,05 por cento. Isto pode dever-se ao facto de que quanto mais crédito estiver disponível para a construção de unidades de biogás e for concedido aos agricultores, mais mutuários individuais iniciam uma atividade e os agricultores de baixos rendimentos beneficiam da utilização da tecnologia.

Serviços de extensão (EXTS): Esperava-se que esta variável explicativa influenciasse positiva e significativamente a participação dos agricultores na domesticação e adoção a 0,01 por cento. Isto pode dever-se ao facto de que quanto mais os agricultores recebem visitas de extensão atempadas e desenvolvem a consciência da produção de biogás, mais os não utilizadores se tornam utilizadores da tecnologia.

Distância das fontes de água: Para a alimentação diária com a tecnologia do biogás, a fonte de água deve estar a uma distância de 20 a 30 minutos a pé da habitação (Eshete et al., 2006; SNV, 2008). Por conseguinte, esperava-se que a distância até à fonte de água tivesse uma influência negativa na adoção da tecnologia do biogás (nível de significância de 0,1%).

Formação (TRAINING): Uma variável explicativa no modelo logístico que, como esperado, mostrou um efeito positivo nas práticas de adoção e familiarização dos agricultores com a tecnologia do biogás a um nível de 0,01 por cento. Isto pode dever-se ao facto de que quanto mais os agricultores recebem formação sobre a produção de biogás, mais os não utilizadores se tornam utilizadores da tecnologia. A este respeito, Kabir et al (2013) salientaram que os agregados familiares vizinhos dos utilizadores de biogás têm a oportunidade de observar de perto o tipo, a durabilidade, os benefícios e as limitações dos sistemas de biogás.

4.4 Principais obstáculos e factores de incentivo à introdução da produção de biogás

4.4.1 Obstáculos:

Foi pedido aos utilizadores e não utilizadores que indicassem os principais obstáculos ao desenvolvimento da produção de biogás e verificou-se que a maioria concordava com as seguintes afirmações. Os principais obstáculos à produção de biogás são de ordem técnica, de capacidade, de informação, económica/financeira, institucional e política.

Obstáculos técnicos:

- Falta de tecnologias desenvolvidas localmente e adaptadas às condições locais
- Falta de formação e de infra-estruturas de formação
- Falta de instalações de manutenção

. Problema de fissuras no pavimento

Obstáculos técnicos e relacionados com a capacidade

- Fraca competência técnica
- Participação limitada do sector privado

Barreiras à informação

- Falta de sensibilização para o impacto económico positivo (a longo prazo) das tecnologias
- Falta de sensibilização para os programas mediáticos
- Esforços de divulgação insuficientes

Obstáculos económicos/financeiros

- Custos elevados dos produtos
- Custos elevados em comparação com as tecnologias concorrentes
- Tempo de amortização elevado
- Dificuldades de financiamento devido à falta de facilidades de crédito específicas para fornecedores e consumidores finais
- Falta de actividades de desenvolvimento para reduzir os preços dessas tecnologias
- Taxa de juro elevada

Obstáculos institucionais e políticos

- Falta de cooperação horizontal e vertical entre as instituições

Sensibilização para a tecnologia - Embora a energia do biogás tenha um potencial tremendo, o controlo do seu desempenho constitui um retrocesso significativo nas decisões políticas e a informação sobre a tecnologia do biogás é limitada no Condado de Meskan, mas o início é comparativamente bom em comparação com outras áreas da região. Cerca de 79% dos utilizadores e não utilizadores inquiridos necessitam de formação sobre a utilização da tecnologia, pelo que é importante educar a comunidade através de formação ou aulas sobre a utilização da tecnologia do biogás.

Acesso à informação - Num mercado transparente, os participantes dispõem de informação suficiente sobre os seus concorrentes no que respeita às suas fontes de abastecimento e preços de compra para tomarem melhores decisões. Os resultados mostram que os utilizadores de biogás têm melhor acesso à informação do que os não utilizadores. Cerca de 57% dos utilizadores declararam que a sua fonte de informação sobre preços, procura e oferta é o sector energético do woreda, pelo que o acesso limitado à informação é um dos potenciais obstáculos ao sistema de produção de biogás.

Capital: Embora o biogás seja possível com um baixo investimento de capital, é importante que qualquer atividade empresarial seja levada a cabo com capital, e o grau de capital necessário varia entre os membros da comunidade.

A partir dos resultados do inquérito, a maioria dos proponentes muçulmanos do biogás (78%) tinha a sua própria fonte de capital para as suas respectivas actividades de produção de biogás, enquanto 12% deles obtinham o seu capital de exploração junto dos seus familiares e amigos. Os restantes 10% pediram o seu capital emprestado a fontes informais de crédito sem juros, o que está de acordo com (Walekhwa et al., 2009) que a situação financeira é um dos factores mais críticos e mais frequentemente citados que determinam a adoção e a domesticação da tecnologia do biogás.

Acesso ao crédito - Embora o capital seja importante para todos os utilizadores de bioenergia, o grau de importância varia consoante a religião. No entanto, os resultados do inquérito mostraram que cerca de 67% dos apoiantes cristãos das centrais de biogás responderam que não têm acesso e disponibilidade de crédito porque os procedimentos são demasiado morosos, enquanto 83% dos apoiantes muçulmanos não estão dispostos a tirar partido do crédito formal disponível porque é demasiado caro.

O baixo poder de compra dos agricultores de Meskan também os impede de investir numa central de biogás. De acordo com oppenoorth (2014), um agricultor etíope enfrenta um dilema entre investir numa central de biogás e aumentar o número de cabeças de gado que possui.

4.4.2 Os condutores:

Os factores mais importantes para a domesticação da produção de biogás nos distritos estudados foram o crescimento maciço da população, o elevado preço da parafina, a escassez de lenha, o declínio da área florestal, o aumento do preço dos fertilizantes e a pobreza rural.

A escassez de lenha é atualmente uma força motriz da introdução de tecnologias de biogás para satisfazer as necessidades energéticas e conduziu a um declínio sistemático da área florestal e a uma escassez de recursos tradicionais de biomassa nos últimos 35 anos.

4.4.3 Determinação das razões da não utilização da tecnologia para melhorar a unidade de biogás

Os resultados do inquérito mostram que 98% dos chefes de família não utilizadores têm algum conhecimento da tecnologia do biogás. Apesar das limitações existentes, 91% dos agregados familiares não utilizadores estão interessados em investir na tecnologia do biogás no futuro. A principal estratégia de promoção da tecnologia do biogás tem sido a pregação porta-a-porta e o instrumento de promoção deve ser direcionado para os agregados familiares que possuem quatro ou mais cabeças de gado. A posse de quatro ou mais cabeças de gado foi considerada suficiente para cumprir a dimensão mínima recomendada para o digestor. Por conseguinte, a posse do número mínimo recomendado de bovinos, alguma sensibilização para a tecnologia do biogás e o interesse em investir na tecnologia do biogás entre a maioria dos agregados familiares que não utilizam a tecnologia constituem oportunidades para uma maior promoção da tecnologia.

4.4.4 História de sucesso da domesticação da tecnologia do biogás no distrito de Meskan

Apesar da baixa aceitação da tecnologia do biogás nos agregados familiares, estes adoptaram a tecnologia e estão a colher os benefícios. [3]Na altura da entrevista, uma mulher chefe de família chamada Welela Ahmed (Sinidu) estava a operar a unidade de biogás (tamanho 8m) há mais de seis meses. Ela disse que introduziu a unidade de biogás porque pensou que reduziria o custo da compra de lenha e pouparia tempo na recolha de combustível da floresta para cozinhar, e devido ao facto de ter cinco vacas que são alimentadas numa base de corte e transporte, pelo que o substrato era suficiente. A sua quinta é suficientemente grande para cultivar erva Napier para a alimentação das vacas e para fornecer a água necessária para misturar com o estrume. A central de biogás foi financiada pelas suas poupanças e por um empréstimo.

Desde que começou a utilizar o biogás, poupou o dinheiro que tinha de gastar em parafina e carvão. Tinha plantado uma horta perto da fábrica para que o chorume pudesse ser utilizado aí.

Outro benefício foi o facto de o estábulo parecer mais arrumado, uma vez que o estrume era removido todos os dias para ser utilizado no digestor. Outro benefício social foi a criação de emprego para o jovem envolvido na recolha e mistura do estrume com água e no funcionamento geral da central de biogás. No entanto, a central enfrentava o problema da sobreprodução de gás e não dispunha de um sistema de armazenamento. Se houvesse uma instalação de armazenamento, seria um grande incentivo para que outras famílias adoptassem a tecnologia.

CAPÍTULO 5 CONCLUSÕES E RECOMENDAÇÕES

5.1 Conclusão:

Em geral, a bioenergia tradicional é a principal fonte de energia para uso doméstico (cozinhar e aquecer), representando a maior parte do consumo total de energia dos agregados familiares, e o aquecimento de espaços é a forma mais importante de consumo de bioenergia, apoiado principalmente por estrume de gado e lenha.

A proporção do consumo de energia que pode ser substituída por biogás em vez de lenha, resíduos agrícolas e estrume animal é mais elevada, e se a bioenergia tradicional for substituída por biogás nas zonas totalmente agrícolas e nas zonas semi-agrícolas e semi-domésticas da região de Meskan para melhorar a fertilidade do solo e manter o equilíbrio de nutrientes. Este estudo mostra que a utilização do biogás também poupa o custo de oportunidade das donas de casa que utilizam a bioenergia tradicional.

Os resultados da nossa análise de utilidade mostram que a energia do biogás substitui eficazmente o estrume do gado, a lenha e outras bioenergias tradicionais. Deste ponto de vista, o potencial do biogás como substituto da bioenergia tradicional pode ser melhorado se as famílias locais puderem manter o sistema de biogás corretamente de acordo com a estação e a temperatura.

Os resultados estimados da análise de regressão mostraram que, das 17 variáveis incluídas no modelo, oito (8) tiveram um efeito significativo na produção e domesticação de biogás nos distritos. Estas são o género do chefe do agregado familiar (0,05%), o nível de educação do chefe do agregado familiar (0,05%), o número de cabeças de gado (0,05%), a fonte de água (0,01%), o nível de rendimento do agregado familiar (0,01%), a disponibilidade de crédito (0,05%), o serviço de extensão (0,01) e a educação (0,01%). É também fortemente afetada por factores económicos, institucionais e técnicos. Pode implicar vários riscos e compromissos, como a segurança alimentar, que exigem uma atenção política crítica.

Existem várias perspectivas atractivas para a utilização de recursos de biomassa renovável para a produção de energia moderna na área em estudo. Neste contexto, o distrito já provou a sua força. Por conseguinte, assegurar a sustentabilidade da utilização de combustível de biomassa e, simultaneamente, aumentar a oferta de recursos de biomassa através de medidas como a florestação são domínios de intervenção vitais. Os factores institucionais e tecnológicos, bem como os factores do lado da oferta e da procura, desempenham um papel fundamental na produção e utilização de energias renováveis a partir da biomassa.

5.2 Recomendações:

As recomendações que se seguem destinam-se a ajudar a promover a introdução e a domesticação da tecnologia do biogás no distrito de Meskan.

A principal razão para a não adoção da tecnologia do biogás foi o problema da mão de obra humana e/ou animal necessária para a construção da unidade de biogás. As restrições financeiras foram outra razão importante para a não adoção e utilização da tecnologia do biogás. Uma melhoria do rendimento das famílias e a concessão de empréstimos sem juros ou com juros baixos podem, por conseguinte, incentivar a introdução da tecnologia do biogás. Entre as razões apontadas por 70% dos inquiridos para não adoptarem a tecnologia do biogás contam-se os problemas enfrentados pelos seus amigos, vizinhos e familiares que utilizam unidades de biogás. Especificamente, 68% dos inquiridos que não adoptam a tecnologia afirmaram que não existem serviços regulares de manutenção, cuidados posteriores e monitorização. 13% dos inquiridos indicaram que rejeitam a produção de biogás devido aos empréstimos com juros. Outros (12%) apontaram a falta de formação para os utilizadores. E, finalmente, os restantes 7% indicaram que, devido ao fraco desempenho dos fogões a biogás, muitos dos utilizadores de biogás utilizam apenas lâmpadas a biogás. Por conseguinte, a melhoria destes problemas institucionais pode promover a difusão da tecnologia do biogás.

Os utilizadores de biogás não recebem um serviço de manutenção regular e imediato quando necessário e não trabalham de forma orientada a este respeito.

A inadequação das instalações e dos custos operacionais pode impedir o desenvolvimento de tecnologias que possam ser adoptadas por agregados familiares com diferentes rendimentos. O sector da energia deve colaborar com os institutos de investigação e as universidades da região para permitir que os investigadores realizem trabalhos de investigação que lhes permitam identificar, desenvolver e divulgar as tecnologias de biogás mais modernas, acessíveis a todos os agregados familiares, independentemente dos seus recursos, e particularmente adequadas à região do Meskan.

O ensino e a formação no domínio do biogás como fonte de energia alternativa são limitados. O Governo e o sector da energia devem abordar esta limitação através do desenvolvimento de planos de recursos humanos e de formação. O plano de formação deve definir o tipo específico de formação (em serviço e formal) necessário para preencher as lacunas de competências dos recursos humanos e satisfazer as necessidades de recursos humanos neste domínio no distrito de Meskan.

Os agricultores necessitam de **um contributo** para a introdução da tecnologia do biogás, mas o acesso a esta tecnologia é frequentemente deficiente nas zonas rurais de Meskan. O governo da região poderia estabelecer ligações de comunicação e coordenação com organizações privadas e sem fins lucrativos para informar e aconselhar os agregados familiares sobre fontes de energia alternativas que contribuam para a preservação do ambiente e, consequentemente, para a saúde da população.

Os empréstimos *são* uma forma de melhorar a domesticação da tecnologia do biogás pelos agregados familiares, uma vez que esta tecnologia requer apoio financeiro. A capacidade dos agregados familiares para comprar factores de produção como cimento, areia, gravilha e água é importante para a construção da unidade de biogás. O governo e o sector da energia devem estudar a situação do crédito existente e tomar medidas para permitir que as famílias tenham disponibilidade e acesso ao crédito com base em regras religiosas, especialmente para os muçulmanos que recusam empréstimos com juros, para que possam construir e utilizar centrais de biogás.

Os valores e normas **socioculturais**, como o casamento precoce das raparigas e o sistema patriarcal da sociedade, são um fator importante na promoção da utilização do biogás. O governo precisa de capacitar as mulheres e os homens como parceiros iguais no desenvolvimento. Por conseguinte, ambos devem ser capacitados para participar no desenvolvimento económico, dando-lhes oportunidades iguais em todas as esferas da vida para proteger o ambiente, fazendo escolhas sensatas em matéria de fontes de energia.

A formação de grupos ou cooperativas de **base comunitária** deve ser incentivada para formar e aderir a organizações de base comunitária. As organizações podem oferecer empréstimos e serviços de poupança aos seus membros ou, como grupo, os membros podem contrair um empréstimo para se apoiarem mutuamente na construção de centrais de biogás.

Deve ser promovida a **participação de investidores locais** em projectos de biogás. Os investidores locais devem ser incentivados a investir em projectos de biogás para gerar receitas e atenuar as alterações climáticas.

Necessidades futuras de investigação: Deve ser realizada investigação para identificar digestores eficientes de diferentes dimensões que satisfaçam as diferentes necessidades económicas e o estatuto dos agregados familiares.

REFERÊNCIAS

Allen Wilkins (1988). Handbook on biogas utilisation.

AkliluDalelo (PhD), (2008). Rural Electrification in Ethiopia : opportunities and bottlenecks, AAU, College ofEducation, Department of Geography and Environmental Education.

Alexander. C.III, Joseph R. Saucier, e W. Henry McNab, (1986), Total-Tree Weight, Stem Weight, and Volume Tables for Hardwood Species in the Southeast, Research Division, Georgia Forestry Commission.

Alloway, G., (1990). Function and critical concentrations of micronutrients in crop production Vikas publishing house pvt.Ltd, India.Buruah, T. (1998). India. PP 18-21.

Andrew, W., 2008): Estudo de viabilidade sobre o desenvolvimento do mercado de chorume de biogás na região da capital de Vientiane, RDP do Laos.

Anthony Manoni e Mand Wilson .P, (2009). Investigação sobre a tecnologia do biogás em países seleccionados da África Subsariana African Journal of Biotechnology Vol.8

Alemayehu, S. (2008).Decomposição do crescimento da produção de cereais na Etiópia. Documento apresentado para o estudo financiado pelo DFID "Understanding the constraints to continued rapid growth in Ethiopia: the role of agriculture". Ethiopia.

AnushiyaShrestha, (2010). Prospects of Biogas in Terms of Socio-Economic and Environmental Benefits to Rural Community of Nepal: A Case of Biogas Project in GaikhurVdcOfGorkha District, Universidade de Tribhuvan, Nepal.

AsnakeMwkuriaw, (2006). O papel do uso do solo nos impactos da seca em ShebelBerentaWereda, Estado Regional Nacional de Amhara, Etiópia: um estudo de caso na bacia hidrográfica de KutkwatSekela.

Ayoola.O, T.E, Makinde.A (2009).Crescimento do milho, rendimento e alterações dos nutrientes do solo com fertilizantes orgânicos fortificados African Journal ofFood, Agriculture, Nutrition and Development.

Relatório da Autoridade Central de Estatística da Etiópia sobre o Recenseamento da População da Etiópia. Adis Abeba, Etiópia: CSA 2007.

Ethiopian Alternative energy development and promotion centre (EAEDPC)/SNV Ethiopia (2008); Trainee's Manual of National biogas programme: Formação de formadores para a construção e supervisão da central de biogás modelo Sindu para a Etiópia.

Dubey A. K. (2000). Wet scrubbing for removal of carbon dioxide from biogas. Relatório anual do Instituto Central de Engenharia Agrícola, Bhopal, Índia

FAO/CMS.(1996) A system Approach to Biogas Technology. Biogas Technology: Training manual for extension. Disponível no sítio Web:-http://www.fao.org.

Fulford, D. (1988): Executando um programa de biogás, um livro de mão. Intermediate technology Publication Landon pp. 103-105

(GTZ, 1989) Instalações de biogás na criação de animais

(GTZ, 1999). Biogas Digest, Volume I, Biogas Basics

Haftu EtsayKelebe& Abel Olorunnisola (2016) Biogas as an alternative energy source and a waste management strategy in Northern Ethiopia, Biofuels, 7:5, 479-487, DOI: 10.1080/17597269.2016.1163211

James L. Waish, Jr, P.E.Charles C. Ross, P.E.,Michael S. Smith, Stephen R. Harper e W. Karki, A.B. e Gautam, K.M. (1994). Biogas for Sustainable Development in Nepal, documento apresentado na Segunda Conferência Internacional sobre Ciência e Tecnologia para o Alívio da Pobreza, organizada pela Academia Real de Ciência e Tecnologia do Nepal (RONAST), Katmandu, Nepal. Kirk R. Smith. R. Uma. V.V.N. Kishore. K. Lata. V. Joshi. Jufeng Zhang. R.A. Ramussen e M. Khalil A. K.(1998). Greenhouse Gases from Small-Scale Combustion Devices in Developing Countries (Gases com efeito de estufa provenientes de dispositivos de combustão de pequena escala em países em desenvolvimento) para a USEPA

Kristoferson,L. A., &Bokalders, V. (1991). Renewable Energy Technologies their Application in developing countries. ITDGPublishing.

SNV. Um documento de trabalho sobre o desenvolvimento de programas viáveis de biogás para agregados familiares. Países Baixos: Haia; 2009.

CSA (Agência Central de Estatística), (2007) Recenseamento da População e da Habitação da Etiópia.

Dagnachew-Legesse, Vallet-Coulomb, C. e Gasse, F. (2003). Catchment hydrological response and land-use change in tropical Africa: case study of south-central Ethiopia. Journal of **Hydrology275**: 67 85.

David J. (2006). Manure as a Nutrient Source, Department of Plant and Soil Sciences, University ofDelaware.

Desta Beyene. (1983). Estado dos micronutrientes em alguns solos da Etiópia. Soil Science Bulletin No. 4, Addis Ababa.

Dhobighat. C, Painyapani. T, (2006).Análise físico-química do estrume orgânico e do estrume de quintal para comparação do teor de nutrientes e outros benefícios para promover melhor o estrume orgânico, Yashoda Sustainable Development (P) Ltd, Relatório Final, Nepal.

Dong.H, e Li.Yu'e, (2010). Estudo de viabilidade: Desenvolvimento de um projeto MDL para biogás em agregados familiares rurais e lavoura de conservação.

Programa da África Central e Oriental para a Análise da Política Agrícola (ECAPAPA),(2006) . Procedimentos da Reunião Consultiva Nacional sobre a Racionalização e Harmonização de Políticas, Leis, Regras e Procedimentos de Fertilizantes: O Caso da Etiópia.

Edwards, S., A. Asmelash, H. Araya, e T.B. Gebre-Egziabher.(2007). "Impact of Compost Use on Crop Production in Tigray, Ethiopia". Roma: FAO, Divisão de Gestão de Recursos Naturais e Ambiente.

Edwards, S., A. Asmelash, H. Araya, e T.B. Gebre-Egziabher.(2008), The Impact of Compost use on Crop Yield in Tigray, Ethiopia, Inclusive 2000-2006, Environment and Development series 10, TWN, Malaysia.ppl-19.

Ethiopia Rural Energy Development and Promotion Centre (EREDPC) e SNV, (2008). Documento de Implementação do Programa da Etiópia (versão preliminar)

Eyassu Elias (2002). Percepções dos agricultores sobre as mudanças na fertilidade do solo e sua gestão. ISD e SOS-Sahel International (Reino Unido). EDM Printing press. Addis Abeba, Etiópia.

Eyasu Elias (2009). Approaches to integrated soil fertility management in Ethiopia: A review, Addis Ababa, Ethiopia.

FAO, (2007). Biogas processes for sustainable development Israel, www.fao.org/docrep, acedido em 15 de dezembro de 2007.

FAO, (2009) Coping with a changing climate: Considerations for adaptation and mitigation in agriculture. Série 15 - Gestão do Ambiente e dos Recursos Naturais, Roma.

Felixter Heegdel, Kai Sonder, (2007). Domestic biogas in Africa; a first assessment of the potential and need, biogas for better life an African initiative, Nigéria.

FentawEjigu, (2010). Bio-Slurry in Ethiopia: what is it and how to use it, Instituto para o Desenvolvimento Sustentável (ISD) e Gabinete de Coordenação do Programa Nacional de Biogás da Etiópia, Adis Abeba. FentawEjigu e Hailu Araya, (2010). Relatório de actividades para 2010 sobre a sensibilização para o valor do chorume biológico e a sua utilização como fertilizante orgânico, a criação de um sistema para registar, analisar e comunicar o impacto do chorume biológico no rendimento das culturas e a realização de visitas cruzadas, Instituto para o Desenvolvimento Sustentável (ISD) e Programa Nacional de Biogás da Etiópia (NBPE).

FissehaTegegn, (1991). Biogas in Ethiopia, Ethiopian Energy Authority.

Gaafar El FakiAli, (1994). Studies on consumption of forest products in the Sudan - Woodfuel consumption in the household sector Energy Research Institute, Forestary Development in the Sudan GPC/SUD/04/NET, Karthum.

GetachewEshete (PhD), Dr. K. s, F. H, (2006). Report On The Feasibility Study Of A National Programme For Domestic Biogas In Ethiopia, SNV Ethiopia.

Hailu Araya (2010). The Effect of Compost on Soil Fertility Enhancement and Yield Increment Under Smallholder Farming-a Case of TahtaiMaichew District-Tigray Region, Ethiopia, pp HilawiLakew (2010), Ethiopian energy sector review for up to 2008, Ethiopian Environment review, No 1, Forum for environment, Addis Ababa ,PP79-104.

IFPRI, (2010), Fertiliser and Soil Fertility Potential in Ethiopia, Constraints and Opportunities for Improving the System, Sustainable Solution to Persistent Hunger and Poverty. Washington, DC, EUA. S. 10-15.

Ilaco, B. V. (1985). Agricultural compendium: for rural development in the tropics and subtropics. Elsevier, Amesterdão.

Issam .I e Antoine.H (2007), Analytical methods for soils in arid and semi-arid regions, Universidade Americana de Beirute, Beirute, Líbano, Organização das Nações Unidas para a Alimentação e a Agricultura, Roma.

Jim Watson,(2010). Tecnologias de energias renováveis para o desenvolvimento rural.

Jindal R. (2006), Carbon sequestration projects in Africa: potential benefits and scaling-up challenges.

Gurung.J, (1997). Review of Literature on Effects of Slurry Use on Crop Production FINAL REPORT The Biogas Support Programme Nepal.

KidaneWorkneh, Williams Boers e GetachewEshete, (2007) Implementation document for a national programme for domestic biogas in Ethiopia, SNV/Ethiopia.

Krishna, K. (2001): Response to organic manure application on maize and cabbage in Lalitpur district Relatório final, Nepal.

Krishan .K, (2010).Bio-waste to bio-energy and organic fertiliser, ensuring sustainable social, environmental and economic value, Methane to markets conference 4thmarch.

Laichna, Justus K. & Wafula, James C. (1997).Biogas technology for rural households in Kenya.OPEC Review, 21 (3), 223-244.

Li, Z., Tang, R., Xia, C., Luo, H. e Zhong, H. (2005). Towards green rural energy in Yunnan, China. Renewable Energy 30: 99 - 108 pp.

Lindsay, W.L. e Norvell, W.A. 1978. Desenvolvimento do teste de solo DTPA para zinco, ferro, manganês e cobre. Soil Sci. Soc. Am. J., 42:421-428.

Marchaim, U. (1992). Biogas process for sustainable development.MIGAL Galilee Technological Centre.Kiryatghmona Israel, FAO.

Mary Renwick, , P,S. , G. H, (2007).An African Initiative a Cost-Benefit Analysis Of National And Regional Integrated Biogas and Sanitation Programmes in Sub-Saharan Africa, Draft Final Report Prepared For The Dutch Ministry Of Foreign Affairs, Biogas For Better Life.

MenaleKassie, John, P, Mahmud Yesuf, Gunnar, K. Randy ,B. Precious, Z. Elias Mulugeta, dezembro, (2008). Evidence on Using Reduced Tillage, Stone Bunds, and Chemical Fertiliser in the Ethiopian Highlands, Sustainable Land Management Practices Improve Agricultural Productivity.

MenaleKassie, Precious Zikhali, KebedeManjur, e Sue Edwards (2009). Adoção de Técnicas de Agricultura Biológica Evidência de uma Região Semi-Árida da Etiópia,

MeleseMenaleshoa e GemechuSorsa, (2010), Jije Analytical Service Laboratory Training Manual For Laboratory Technicians, Analytical Chemists and Related Professionals on Análises do solo e boas práticas de laboratório (BPL), bem como medidas de garantia da qualidade dos dados analíticos, 126-260 páginas.

Mesfin, A. (1998). Nature and Management of Ethiopian soils. Universidade de Agricultura de Alemaya, Etiópia. 272 páginas.

Ministério da Agricultura, (1996). Inventário da biomassa lenhosa para planeamento estratégico, factores de conversão da biomassa para algumas unidades de medida seleccionadas.

Mitiku Haile, Herweg, K. e Stillhardt, B. (2006). Sustainable land management: a new approach to soil and water conservation in Ethiopia. Mekelle, Etiópia: Department of Land Resource Management and Environmental Conservation, University of Mekelle; Berna, Suíça: Centre for Development and Environment, University of Berne, e National Centre for Community Research (NCCR) North-South.

Mohabbat.U, Ranjit. S, K. H, BadirulIsalm M. Shahabuddin Khan(PhD), (2008).Bio-slurry Management and it's Effect on Soil Fertility and Crop Production in Bangladesh, Bangladesh Agricultural Research Institutute Soil Science Division and On-Farm Research Division Gazipur 1701.

Nigma Tamrakar e Bindu Manandhar, (2009): Gender Equality and Social Inclusion Strategy for the Biogas Promotion Programme, Nepal.

Olsen, S.R., C.V. Cole, F.S. Watanable, L.A. Dean (1954). Estimativa do fósforo disponível no solo por extração com bicarbonato de sódio. Circular do USDA. 939: 1 19

Samuel. T, Werner.N, James .B, John .H, (2000), Soil fertility and fertilisers, quinta edição, prentice-hall of India private limited, Nova Deli.

Sahlemedhin-Sertsu e Taye Bekele (2000): Methods for Soil and Crop Analysis, Technical Paper 74, National Soil Research Centre, Ethiopian Agricultural Research Organisation (EARO), Addis Abeba.

Scott. D, Scott. J, e Becky . E,(2005), Heating With Wood: Producing, Harvesting and Processing Firewood , , University of Nebraska - Lincoln Extension, Institute of Agriculture and Natural Resources.http://www.ianrpubs.unl.edu/epublic/live/g1554/build/g1554.pdf

SiltanAbrha, (1985), A brief note on biogas technology, Ministério das Minas e Energia, Comité Nacional de Energia da Etiópia. S. 29-31.

SNV, (2010), Leitor para o curso compacto sobre tecnologia doméstica de biogás e distribuição em massa. Jan Lam / Felix terHeegde.pp. 9-29.

SNV, (2009), Domestic Biogas Compact Course on Technology and Mass-Dissemination Experiences from Asia, Handout for students, Postgraduate Programme Renewable Energies, University of Oldenburg, Jan Lam, Felix terHeegde, BastiaanTeune, pp. 6-30.

Takashi Yamano e Ayumi Arai, (2010) , Fertiliser Policies, Price, and Application in East Africa, National Graduate Institute forPolicy Studies 7-22-1 Roppongi, Minato-ku,

Tokyo, Japan. TayeBelachew e YifruAbera, (2010), Avaliação do estado de fertilidade do solo com profundidade nas terras altas de cultivo de trigo do sudeste da Etiópia, World Journal of Agricultural Sciences VOL 6 (5): 525-531, 2010 ISSN 1817-3047, Publicações IDOSI.

Teklu Erkossa (2005). Métodos de lavoura e qualidade do solo numa área de Vertisol nas terras altas centrais da Etiópia. Dissertação, Universidade de Hohenheim, Estugarda.

Tennakoon N. A. e HemamalaBandara S. D. (2003), Nutrient content of some locally available organic materials and their potential as alternative nutrient sources for coconuts, Coconut Research Institute, Lunuwila, Sri Lanka.

Troeh, F. e Thompson, M. (1993).Soils and soil fertility. 5ª ed., Nova Iorque, Oxford, Oxford University Press. Nova Iorque, Oxford, Oxford University Press.

Walkley, A. e Black, CA. (1934). Um exame do método Degtjareff para determinar a matéria orgânica do solo e uma proposta de modificação do método de titulação com ácido crómico. 37: 29-38

Wudnesh Hailu e Belay Tesfaye, (1994), Research on households' biogas consumption, Awassa College of Agriculture.

ZenebeGebreegziabher (2007). Combustível doméstico e utilização de recursos em zonas rurais-urbanas.

Universidade de Wageningen, Países Baixos

ZenebeGebreegziabher, Alemu Mekonnen, MenaleKassie, e Gunnar Kohlin, (2010). Urban Energy Transition and Technology Adoption The Case of Tigrai, Northern Ethiopia, Environment for Development Discussion Paper Series, EfD DP 10-22.

Índice

MIX
Papier aus verantwortungsvollen Quellen
Paper from responsible sources
FSC® C105338

Printed by Books on Demand GmbH, Norderstedt / Germany